U0112000

大展好書　好書大展
品嘗好書　冠群可期

大展好書　好書大展
品嘗好書　冠群可期

體育教材 12

運動解剖學

主編　王明禧

大展出版社有限公司

編 寫 組 成 員

主　編：王明禧

副主編：盧　起

編　委：（按撰寫章序排列）

　　　　王明禧（緒論、第二、三、四章）

　　　　羅　平（第一、九、十、十一、十二章、串編）

　　　　盧　起（第五、六、七、八章）

　　　　劉柏杭（全書插圖）

運動解剖學

編 寫 說 明

　　《運動解剖學》是《人體解剖學》的一個分支，是將人體的形態結構與體育運動緊密結合的一門新興學科。它是體育專業學生的一門基礎主幹課，可以直接或間接地為體育教學和訓練提供理論依據，並為體育專業學生學習其他課程奠定基礎，也是體育職業技術學院競技體育專業、體育教育專業、體育保健專業、運動訓練專業、社會體育專業、體育服務與管理專業的必修基礎理論課。

　　《運動解剖學》編寫組由武漢體育學院的王明禧副教授、廣東體育職業技術學院的盧起副教授、羅平老師和劉柏杭老師組成。其中王明禧任主編，盧起任副主編，劉柏杭負責教材插圖，羅平負責串編。

　　這批教材的編寫，得到了廣東省體育局領導的高度重視和關心。廣東體育職業技術學院把教材建設工作列為學院的重點工作之一，給予大力支持，並為教材編寫工作提供了必要的條件和保證。

　　為使教材編寫工作得以順利進行，組成了以廣東體育職業技術學院院長劉克軍為主任、各教材主編為成員的體育高等職業教育教材編寫委員會。武漢體育學院原副院長孫漢超教授作為顧問主持並參與了教材的總體設計與策劃，以及部分內容的撰寫工作。

　　這批教材是適合於我國體育職業技術學院各高職高專專業學生的教學用書，也可以作為各中等體育運動學校學

生使用的參考教材，還可以作為各省（市、區）體育部門
對優秀運動員、教練員和體育幹部進行職業技能教育與培
訓的教材。

體育部門辦體育職業技術學院，培養體育高等技能型
人才，只是近幾年的事情，組織編寫高職高專教材亦屬首
次。因此，我們深感缺少經驗，編撰出版的這一批教材
中，問題和缺陷在所難免，敬請使用單位和廣大讀者提出
寶貴意見，以便不斷改進和提高。

目 錄

人體運動的供能體系

人體運動的調控體系

緒　論

緒　論

學習要求

(1) 理解運動解剖學的概念。
(2) 瞭解運動解剖學的內容。
(3) 明確學習運動解剖學的目的。
(4) 堅持學習運動解剖學的基本觀點。
(5) 掌握學習運動解剖學的定位術語。

一、運動解剖學的概念

　　運動解剖學主要是研究正常人體的形態結構，及其在體育運動作用下發展變化的規律；探索人體形態結構與人體機械運動的關係；並對體育動作進行解剖學分析的一門學科。

　　運動解剖學是正常人體解剖學的一個分支，它將人體的形態結構與體育運動實踐緊密地結合在一起，其中人體運動執行體系結合得更為緊密，其他體系的結合正在不斷地充實和完善之中。

　　運動解剖學在世界上可以說是萌芽於 15 世紀，我國著名解剖學家張鋆教授在 1960 年明確提出：「解剖學亦

可用於體育運動，用以分析各種體育運動所需要的肌肉和關節，可以叫運動解剖學。」1977－1978年，由國家體委主持，在北京召開了全國第二次統編教材會議，編印了《運動解剖學》一書，這是我國第一本運動解剖學專業通用教材。

運動解剖學是一門既有基礎理論，又有實踐應用綜合性內容的新興學科，具有較強的生命力，但它還很年輕，仍需要不斷地發展完善。

二、運動解剖學的內容

運動解剖學的內容是比較豐富的，而且正在不斷地充實和完善，其基本內容可以概括為以下四個方面：

正常人體的九大系統，運動系統、消化系統、呼吸系統、泌尿系統、生殖系統、脈管（即循環）系統、神經系統、內分泌系統和感覺器，各個器官的位置、形態和基本功能；各個器官系統的年齡特點，尤其是兒童少年的特點；體育運動對各器官系統的影響；運用運動解剖學的基本知識，對體育動作進行解剖學分析（找出完成動作的關節或環節，原動肌與對抗肌，肌肉的工作條件和肌肉的工作性質等基本規律），從而進一步加強體育教學和體育訓練的針對性與計劃性，有利於初學者更快地學會新的動作和不斷地提高運動技術水準。

本教材除緒論以外，共分五大部分十二章。具體是：人體的基本構成（第一章人體的基本組成——細胞、細胞間質與四大基本組織）；人體運動的執行體系（第二

章骨與骨連結，第三章骨骼肌，第四章體育動作解剖學分析）；人體運動的供能體系（第五章消化系統，第六章呼吸系統，第七章泌尿系統，第八章脈管系統）；人體運動的調控體系（第九章神經系統，第十章內分泌系統，第十一章感覺器）；人體個體發生的結構體系（第十二章生殖系統）。

三、學習運動解剖學的目的

運動解剖學是體育院（校）、系（科）學生學習體育專業（體育教育專業、體育訓練專業和體育保健專業等）的一門基礎理論課、主幹課和必修的先導課。學習運動解剖學的具體目的有以下五個方面：

(1) 為學習後繼課程（如運動生理學、運動保健學、運動心理學和各項運動技術課等）奠定基礎。

(2) 貫徹落實「發展體育運動，增強人民體質」的偉大體育方針，為體育教學和開展群體健身活動，提供理論依據。

(3) 為我國體育運動趕超世界先進水準或保持某些項目的領先優勢，為體育訓練直接或間接地提供理論依據。

(4) 透過運動解剖學的學習，瞭解人體各器官的位置、形態與結構特點，可以預防或減少運動損傷的發生。

(5) 透過運動解剖學的學習，有助於樹立辯證唯物主義世界觀。

總之，運動解剖學是每個從事體育專業學習、教學、訓練、科研和管理的人，都應該掌握的一門科學。瞭解正常人體的形態結構，及其在體育運動的作用下發展變化的規律，才能做到科學地教學、科學地訓練、科學地鍛鍊和科學地管理。所以，運動解剖學是體育專業（本科、高職高專）學生的重要必修課。

四、學習運動解剖學的指導思想與方法

人體的結構非常複雜，至今還有許多結構、功能沒有被認識，還有不少問題沒有解決，加上長期以來人們的思想、世界觀不僅受到辯證唯物主義世界觀的作用，同時也受到形而上學唯心主義世界觀的影響，所以在學習運動解剖學的過程中，必須以辯證唯物主義世界觀的思想作指導，掌握和運用以下幾個基本觀點：

（一）形態結構與功能統一的觀點

人體的形態結構決定了它的功能，並且二者是互相依存、互相聯繫、互相影響和互相促進的。有什麼樣的形態結構，就有什麼樣的功能，因此形態結構是功能的物質基礎，而功能是形態結構的表現形式。

如人體在運動中，直接參與者是骨、關節和肌肉，骨是槓杆、關節是樞紐、肌肉是動力，上述三者通常稱為運動系統。也就是說，骨、關節和肌肉（運動系統）的主要功能是運動，而運動是運動系統的表現形式。往往功能的提高又促進了形態結構的發展變化，形態結構

的發展變化又有利於功能的提高。

根據這一點，人們可以針對性地鍛鍊身體，達到提高體能、身體素質和增強體質的目的。

（二） 局部與整體統一的觀點

人體是一個不可分割的統一體。任何一個器官和局部都是人體的一部分，它可以影響整體，但不能代替整體。各個器官、各個局部之間，各司其職、各行其能，但又緊密配合、互相協調。

在學習和研究各個器官、各個局部時，不要孤立地局限於局部的形態結構，一定要從整體的角度去認識，這樣才能學得活、理解準確、記憶牢固。

（三） 發展變化的觀點

人類是由靈長類的古猿進化發展而來的。人體現存的形態結構是種系發生和個體發生的發展結果。人體的形態結構是在漫長的進化過程中，在外界的環境和人體內環境不斷變化和影響下，逐漸發展而成的。科學的體育運動會使人體的體能提高，會使身體素質得到發展，會使體質增強。一個經常運動的人若停止了體育運動，則其各器官系統的機能會逐漸下降進而消退。

總之，不管是人類還是個體都始終處在發展變化之中，因此人體形態結構的變化是永恆的。所以要用發展變化的觀點、科學的手段進行合理的體育鍛鍊，使人體的形態結構始終朝著良好的方向發展和變化。

（四）理論聯繫實際的觀點

任何好的理論如果不去聯繫實際，則是無用的。因此學習運動解剖學過程中，一定要堅持理論聯繫實際，學以致用，學以創新。

具體來說包括三個方面的實際：本門課程的實際，就是掛圖、模型、標本、多媒體和老師的各種講解、演示，課堂的教學是師生的雙邊活動，也是極其繁忙的過程；聯繫外堂課（即運動場上的各種運動技術）實際，想一想運動的關節，在什麼面內，繞什麼軸，做什麼運動，又是哪些肌肉，在什麼條件下，做什麼性質的工作等；要善於聯繫自身的實際，能摸的就摸，能體會的就體會，這樣做既便於理解，又便於記憶。

一句話，把所學的知識盡可能地運用到實踐中去。例如做正踢腿動作，有的人可以踢過頭，有的只能踢到水平位，應該想一想，這是為什麼？

這個踢到水平位的人在正踢腿時，感到腿後的肌肉群很緊，拉不長，因此限制了正踢腿動作的幅度，這說明大腿後面的肌肉群伸展性不好，所以要有計劃、有針對性地選擇一些練習，如正壓腿、直腿體前屈、正踢腿、仰臥兩頭起等練習，去發展大腿後群肌肉的伸展性，當然這種練習不能操之過急，應循序漸進，動、靜力性動作要結合使用，以免拉傷肌肉。

（五）人的社會性觀點

人是過社會生活的，不僅受自然環境的影響，而且

受社會環境的影響。在引用動物實驗資料或生理規律現象來說明人體情況時，千萬不可把人體和動物同等看待，否則就會陷入純生物學觀點中去。因此在學習運動解剖學過程中要注意人的社會性。

最後還有一點必須指出，在學習運動解剖學過程中，方法甚多，應以觀察實物為主。學習時要特別注意觀察標本、模型、插圖（或掛圖）、幻燈片（投影片）、錄影、電影、多媒體等，認識活體也極為重要。

五、運動解剖學的定位術語

在生活和體育運動中，人體都是一個活體，人體的各部（或各器官）的位置關係常常在變動，為了能正確描述身體姿勢和各器官的位置，需要有一個統一的標準和一個人們共用的術語，以便互相交流，避免誤解。這在體育動作的解剖學分析中，更顯得重要。

因此在學習運動解剖學過程中，對人體解剖學姿勢（也稱為人體標準姿勢）、人體的基本平面、人體的基本軸和方位術語，必須首先瞭解，並掌握熟練，才能運用自如。

（一）人體解剖學姿勢

人體解剖學姿勢（即人體標準姿勢）：身體直立，頭部正直，兩眼平視前方，兩上肢下垂於軀幹兩側，手掌向前，兩足併攏，足尖向前。解剖學姿勢和立正姿勢的區別有兩點：一是手掌向前，二是兩足併攏，足尖向

前，其他與立正姿勢相同。

（二）解剖學方位術語

上：靠近頭頂部的稱為上。

下：靠近腳底的稱為下。

前：靠近腹側的稱為前。

後：靠近背側的稱為後。

內：（即內側）靠近正中面（線）的稱為內。

外：（即外側）遠離正中面（線）的稱為外。

淺：靠近體表（或器官外表）者為淺。

深：遠離體表（或器官外表）者為深。

近端：四肢靠近頭或軀幹部分的稱為近端。

遠端：四肢遠離頭或軀幹部分的稱為遠端。

橈側：指前臂的外側。

尺側：指前臂的內側。

腓側：指小腿的外側。

脛側：指小腿的內側。

人體的解剖學姿勢與方位術語見圖緒－1。

（三）人體的基本切面（或平面）

人體的基本切面，也叫人體的基本平面，有矢狀面、額狀面和水平面，它們互相垂直。

矢狀面：將直立人體切成左右兩部分，與地面垂直的一切切面叫矢狀面。將直立人體平均切成左右兩半（理論上的兩等份）與地面垂直的切面叫正中面，它是矢狀面的一個特殊切面，實際就是正中矢狀面（只能切

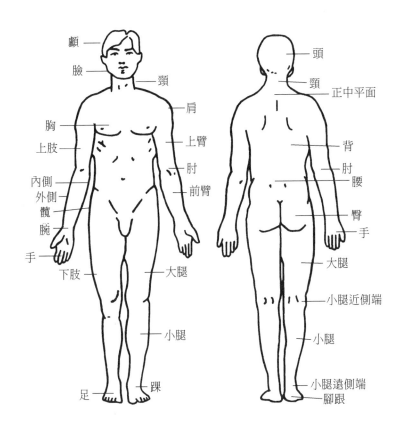

顱　臉　頸　肩　胸　上肢　上臂　肘　前臂　內側　外側　髖　腕　手　下肢　大腿　小腿　足　踝

頭　頸　正中平面　背　肘　腰　臀　手　大腿　小腿近側端　小腿　小腿遠側端　腳跟

圖緒－1　人體解剖學姿勢與方位術語

一次）。

　　額狀面：將直立人體切成前後兩部分，與地面垂直的一切切面叫額狀面。

　　水平面：將直立人體切成上下兩部分，與地面平行的一切切面叫水平面。

　　除了正中面只有一個外，其餘的面都有無數個。額

狀面也叫冠狀面，水平面也叫橫斷面。

（四）人體的基本軸

人體各部分的運動多為轉動，必須繞一定的軸進行，這些軸被人們視為假設通過關節中心的軸。

矢狀軸：垂直通過額狀面的軸（前後方向）。

額狀軸：垂直通過矢狀面的軸（左右方向）。

垂直軸：垂直通過水平面的軸（上下方向）。

以上三軸互相垂直。

人體的基本平面與基本軸見圖緒－2。

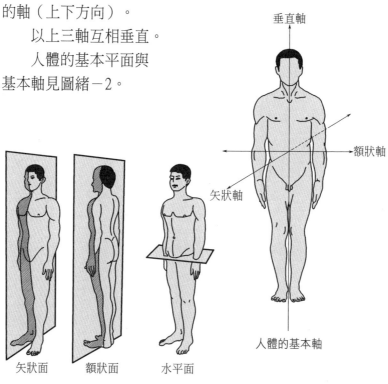

垂直軸

額狀軸

矢狀軸

人體的基本軸

矢狀面　　額狀面　　水平面

人體的基本平面

圖緒－2　人體的基本平面與基本軸

人體的基本構成

● 人體的基本組成

第一章　人體的基本組成

學習要求

(1) 瞭解和認識細胞是人體的基本結構和功能單位。

(2) 掌握細胞膜、細胞質和細胞核的結構與主要功能。

(3) 瞭解線粒體和中心體的主要功能。

(4) 瞭解細胞間質的概念和重要性。

(5) 瞭解組織的概念、分類、分佈與功能。

(6) 掌握上皮組織的主要特點、分類、分佈與功能。

(7) 掌握結締組織的主要特點、分類、分佈。

(8) 瞭解肌組織的分類、分佈與功能。

(9) 瞭解神經組織中的神經元的構造、分類。

(10) 瞭解神經膠質細胞的特點與功能。

知識點與應用

　　細胞是組成人體的基本結構與功能單位。一般來說細胞由細胞膜、細胞質和細胞核組成。細胞間質來自細胞，是存在於細胞之間的生命物質，但沒有固定形態。

　　凡是起源相同、形態結構相似的細胞和細胞間質組成的結構，稱為組織。人體的基本組織共分為四大類：上皮組織、結締組織、肌組織和神經組織等。由某一

種組織為主的多種組織組成，具有一定形態和功能的結構，稱為器官，如心、肝、骨、肌肉等都是器官。許多功能相關的器官串連起來，共同完成某方面有規律生理活動的結構體系，稱為系統。人體由九大系統組成整體。

組成細胞的細胞膜，由雙層類脂質和蛋白質組成，很薄且通透性很好，是細胞進行物質交換的場所，但它有選擇性，為半透膜。膜的蛋白質含量與種類與膜的功能複雜性密切相關。人體內多數細胞膜的蛋白質與脂類含量相同（各占一半），但線粒體內膜中蛋白質占 75%，而神經髓鞘膜內脂類占 75%。目前，生物膜研究已成為生命科學、體育科學、藥物學領域的亮點，備受專家學者關注。

線粒體是一種重要的細胞器，它在生長發育、衰老、疾病、死亡、生物進化和運動能力方面具有重要的作用。如在生理功能強的肌細胞和脊髓前角細胞中線粒體分佈較多，耐力訓練可以引起線粒體增多、體積增大，過度訓練可能引起線粒體變性（固縮、腫脹、崩解等）。

由於線粒體是一種敏感的細胞器，所以在細胞內、外環境改變時，線粒體比其他細胞器反應早、變化快。在體育科研中，線粒體變化是一項重要指標。

20 世紀 70 年代 DNA 克隆技術和轉基因技術的發明，使人類在分子水平對生物進行操作，直接涉足生命的微觀境地。90 年代由美、英、日、法、德、中六國共同完成的「人類基因組」計畫，與「曼哈頓」的原子彈計

畫、「阿波羅」登月計畫一樣，被稱為自然科學史上的偉大「三計畫」。

「人類基因組」計畫的核心，就是測定人類基因組的全部 DNA 序列，包括「遺傳圖」「物理圖」和「序列圖」。人類基因組是人類遺傳物質DNA的總和，由大約30億鹼基配對組成，分佈在23對染色體中。這是一件盛事，對生命科學、醫學和體育科學的發展，產生了巨大的影響。

肥胖是指體內脂肪組織的增多，可能與遺傳和內分泌有關，但不少人是因吃多動少。肥胖容易引發糖尿病和心血管疾病，因此，肥胖者的飲食應有所控制，另一方面應經常運動。

在運動中應該多做一些拉伸練習，如壓腿、壓肩、擴胸、體前屈等運動，使肌腱和韌帶中的膠原纖維盡可能拉長，從而增大關節的運動幅度，可以避免運動中肌腱、韌帶的拉傷。

經常參加運動的人，肌肉發達有力，主要是肌肉中肌纖維增粗、品質提高的緣故。肌肉中含有紅肌纖維和白肌纖維。經常從事力量、速度練習者的白肌比例大，而從事耐力運動的人紅肌比例大。

有人研究發現，用最大力量的1/4練習，主要是紅肌纖維參加工作，而且紅肌纖維增粗；若用最大力量的1/4～1/2練習，則白肌纖維參加工作多；若用最大力量的1/2以上進行練習，則主要是白肌參加工作，且白肌纖維增粗。因此有人提出，用負荷小、動作慢、重複次數多的訓練發展紅肌力量（耐力性項目）；用大重量、

動作快、重複次數少的訓練發展白肌力量。

神經元中的尼氏體有合成蛋白質的作用。在動物實驗中發現，運動訓練對尼氏體有影響。豚鼠經過大運動量訓練後，由於消耗了大量蛋白質，其脊髓前角細胞運動神經元的尼氏體減少、縮小，但經過72小時後，尼氏體又得到了恢復。而未經訓練的鼠，則沒有恢復。

第一節　細胞與細胞間質

一、細　胞

細胞是人體的基本形態結構單位，也是進行生命活動的功能單位。

（一）細胞的形態

不同的組織和器官其所組成的細胞大小不等，形態各異。人體內的細胞一般都得借助顯微鏡才能看到，最小的細胞直徑只有4微米，如小腦內的顆粒細胞。最大的細胞是卵細胞，直徑可達200微米。最長的細胞為神經細胞，長可達1米。細胞的形態各式各樣，有正方形、長方形、菱形、圓形、橢圓形和多突形等。

（二）細胞的結構

細胞一般都具有細胞膜、細胞質和細胞核三部分。

1. 細胞膜

細胞膜是細胞表面的一層薄膜，又稱質膜。它的形狀、大小和生理功能雖然各有差異，但在結構上卻大體相同。

(1) 細胞膜的構造：

在電鏡下，細胞膜是一層極薄的半透膜，可以分為內、中、外三層。內外兩層的密度較大，較深暗。中層密度較小，較明亮。一般把這種結構稱為單位膜。除細胞膜是這樣的結構外，細胞內的各種細胞器和細胞核表面的膜也是由這樣的單位膜構成。

(2) 細胞膜的功能：

①保持細胞的完整性，為細胞的生命活動提供相對穩定的內環境。

②具有控制和調節細胞的代謝和生理功能作用。

③具有選擇性的通透性，實現細胞內外的物質交換。

④具有黏著、支持和保護的作用。

⑤還參與細胞的吞噬作用。

2. 細胞質

細胞質是位於細胞膜和細胞核之間的原生質，包括基質、細胞器和包含物三個部分。

(1) 基質是呈半透明的液態膠狀物質，是細胞質的基本成分，主要含有糖、蛋白質和無機鹽等。細胞器和包含物懸浮其中。

(2) 細胞器是具有一定的形態，在細胞生理活動中起

重要作用的結構。如線粒體、內質網、高爾基體、溶酶體等（圖1-1）。

①線粒體：人體內除成熟的紅細胞外，其餘各種細胞都有線粒體，一般細胞內有數十至數千個。在電鏡下觀察，線粒體為雙層單位膜構成的橢圓形小體，外膜平滑，內膜向線粒體內折疊成許多嵴，嵴與嵴之間的腔內充滿了基質，內含RNA（核糖核酸）和DNA（去氧核糖核酸）。線粒體內含有很多酶系，是細胞內氧化磷酸化和形成ATP的主要場所，因此線粒體是細胞的供能站。

②內質網：內質網是分佈在細胞質中的膜管狀結構。它由互相通連的扁平囊狀、管狀或泡狀結構構成。根據其表面是否附著有核蛋白體，可分為以下兩種。

粗面內質網：其表面有核蛋白體附著，故表面顯得粗糙。粗面內質網參與蛋白質的合成和運輸。

滑面內質網：其表面沒有核蛋白體附著，故表面顯得光滑。它的功能比較複雜，主要與脂類、脂蛋白、糖原、激素等的合成和分泌有關。

③高爾基（複合）體：又稱為內網器，位於細胞核附近，由許多扁平囊、大泡和小泡三部分組成的網狀囊泡結構，並與粗面內質網相通。它主要參與細胞內物質的儲存、聚集和轉運，如將粗面內質網所合成的蛋白質進行加工、濃縮、儲存和轉運到細胞外。

④溶酶體：溶酶體為一層單位膜包圍形成的囊狀結構小體。內含幾十種水解酶，可分解蛋白質、脂類、核酸等物質。溶酶體是細胞內重要的消化器官，對細胞吞噬的異物進行消化分解，稱為異溶作用；對細胞本身已

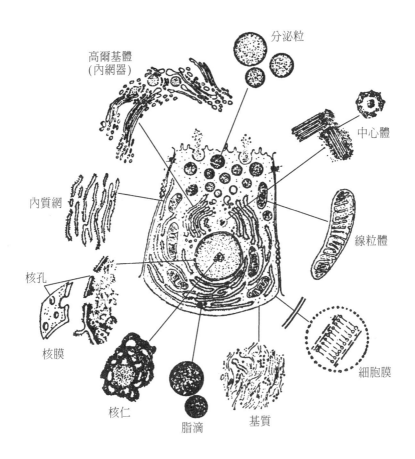

高爾基體
(內網器)

分泌粒

中心體

內質網

線粒體

核孔

核膜

細胞膜

核仁

脂滴

基質

圖1－1　細胞結構電鏡下模擬圖

經損傷或衰老的細胞器進行分解，稱為自溶作用，使細胞結構不斷更新，以維持細胞的正常生理功能。

　　⑤中心體：位於細胞核附近，由兩個中心粒組成。中心粒由兩組相互垂直的微管組成。中心體有複製能力，參與細胞分裂活動。當細胞進入分裂期時，已複製

的中心體彼此分離，並借助於紡錘體和染色體向細胞兩極移動。

⑥微絲和微管：微絲是廣泛分佈於細胞質內的一種細絲狀物質，由肌動蛋白構成。它主要與細胞的運動、支持、吞噬、分泌、排泄和信息的傳遞有關。

(3) 包含物又稱內含物，是細胞代謝過程中的產物，沒有活性。有的是暫時貯存的營養物質，如脂滴和糖原等，有的是需要排泄的物質，如色素等。

3. 細胞核

人體除了成熟的紅細胞外均有細胞核，多呈圓形或卵圓形，通常只有一個，位於細胞中央，但也有雙核和多核的，如有的心肌細胞有兩個核，骨骼肌細胞可多達100個以上。細胞核的主要功能是儲存遺傳信息，蛋白質合成，控制細胞的代謝、生長和分化等。

儘管細胞核的形狀有多種多樣，但是它的基本結構卻大致相同，主要都是由核膜、核液、核仁和染色質（細胞在分裂期變成染色體）組成。

(1) 核膜：

核膜由兩層單位膜構成，把細胞核與細胞質隔開，使細胞核成為細胞中一個相對獨立的體系，使核內形成一個相對穩定的環境。核膜的表面有孔，有利於細胞核和細胞質之間的物質交換。

(2) 核液：

是核內沒有明顯結構的膠狀基質，又稱為核質，其中懸浮著核仁和染色質。

(3) 核仁：

核仁是細胞核中圓形或橢圓形的顆粒狀結構，沒有外膜，其形狀、大小、數目依生物種類、細胞形成和生理狀態而異。核仁的主要功能是進行核蛋白體的合成。核蛋白體由核孔進入細胞質中，參與蛋白質的合成。

(4) 染色質和染色體：

染色質和染色體在化學成分上並沒有什麼不同，只是分別處於不同時期中的兩種不同的形態。染色質主要是由DNA、組蛋白和非組蛋白及少量RNA組成的線形複合結構，是遺傳物質的存在形式，易被鹼性染料染色，故稱為染色質。當細胞處於分裂期時，染色質中DNA、組蛋白和非組蛋白的雙鏈結構經高度螺旋、折疊成短粗的、便於分離的、有長臂的、易於染色的結構，即染色體。人體的細胞中，在有絲分裂時染色體的數目是46條，即23對。人的成熟性細胞（男子的精子，女子的卵子）中染色體只有23條。

二、細胞間質

細胞間質是由細胞產生的不具有細胞形態和結構的生命物質，存在於細胞與細胞之間。

細胞間質主要由纖維和基質兩種成分構成。纖維主要由蛋白質構成，可分為膠原纖維、網狀纖維和彈性纖維三種。基質一般為均勻的透明膠狀液體，如血液和組織液的基質；有的為半固體，如軟骨組織的基質；有的為固體，如骨組織的基質。

細胞間質參與構成細胞生存的微環境，是細胞所生活的外環境，對細胞起著支持、保護、聯絡和營養等作用。

第二節　基本組織

組織是構成人體各種器官的基本成分，它是人體胚胎發育的早期由許多形態結構相似、功能接近的細胞群、細胞間質按一定的方式結合在一起所形成的結構。通常將人體的基本組織分為四類：上皮組織、結締組織、肌組織和神經組織。

一、上皮組織

上皮組織由密集的細胞和少量的細胞間質構成，細胞的形狀較規則，主要分佈於人體外表面和人體內中空性器官的內表面以及內臟器官的表面。

（一）上皮組織的特點

上皮組織的細胞多結合緊密，細胞間質少，具有保護、吸收、分泌、排泄和感覺等功能。

（二）上皮組織的分類

上皮組織可根據其分佈、形態結構和功能的不同，分為被覆上皮、腺上皮和感覺上皮三類。

1. 被覆上皮

被覆上皮呈膜狀，主要分佈在身體表面、體腔和中空性器官的內表面，具有保護、吸收、分泌和排泄等功能，可以防止外物損傷和病菌侵入。通常所說的上皮即指被覆上皮而言。

根據上皮細胞的層數和淺層細胞的形狀不同，可將此類上皮分成單層上皮和覆層上皮，見表1。

表1　被覆上皮的分類和主要分佈

分　　類		分　　佈
單層上皮	單層扁平上皮	心、血管、淋巴管腔內，胸膜、腹膜、心包膜、關節腔的表面，肺泡壁、腎小囊壁等
	單層立方上皮	腎小管管壁、甲狀腺等
	單層柱狀上皮	胃腸道的黏膜上皮，子宮內腔腔面等
	假覆層柱狀纖毛上皮	呼吸管道的腔面等
覆層上皮	覆層扁平上皮	皮皮膚的表面（含角化層、指甲、毛髮）口腔、食管、陰道等腔面
	覆層柱狀上皮	眼瞼結膜、男性尿道的腔面等
	變移上皮	腎盞、腎盂、輸尿管、膀胱的腔面

單層上皮包括單層扁平上皮、單層立方上皮、單層柱狀上皮、假覆層柱狀纖毛上皮；覆層上皮包括覆層扁平上皮、覆層柱狀上皮和變移上皮。

(1) 單層扁平上皮：

單層扁平上皮由一層扁平細胞組成，細胞為不規則形或多邊形（圖1－2）。分佈於心臟、血管和淋巴管腔內面的單層扁平上皮稱內皮，內皮薄而表面光滑，有利於血液和淋巴的流動以及細胞內外物質的交換。

分佈於胸膜、腹膜和心包膜表面的單層扁平上皮稱間皮，間皮也很薄，表面濕潤光滑，利於內臟的活動。單層扁平上皮也分佈於腎小囊壁層及肺泡壁等處。

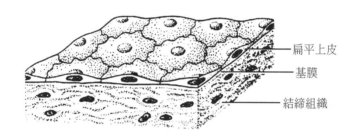

———扁平上皮

———基膜

———結締組織

圖1－2　單層扁平上皮模擬圖

(2) 單層立方上皮：

單層立方上皮由一層立方形細胞組成（圖1－3）。從上皮表面看，每個細胞呈六角形或多角形；由上皮的垂直切面看，細胞呈立方形。細胞核為圓形，位於細胞中央。多分佈在腎小管和甲狀腺等處，具有吸收和分泌等功能。

(3) 單層柱狀上皮：

單層柱狀上皮由一層柱狀細胞組成。從表面看，細胞呈六角形或多角形；由上皮垂直切面看，細胞

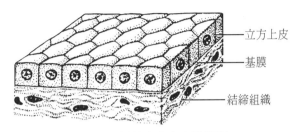

立方上皮
基膜
結締組織

圖1-3 單層立方上皮模擬圖

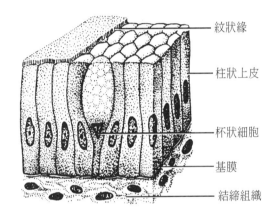

紋狀緣
柱狀上皮
杯狀細胞
基膜
結締組織

圖1-4 單層柱狀上皮模擬圖

呈柱狀（圖1-4），細胞核為長圓形，多位於細胞近基底部。主要分佈在胃腸道和子宮等器官的內表面，具有吸收和分泌等功能。在單層柱狀上皮細胞間有許多散在的杯狀細胞。杯狀細胞形似高腳酒杯，細胞頂部膨大，充滿黏液性分泌顆粒，基底部較細窄。胞核位於基底部，常為較小的三角形或扁圓形，染色質濃密，著色較深。杯狀細胞是一種腺細胞，可分泌黏液，具有滑潤和保護上皮的作用。

(4) 假覆層柱狀纖毛上皮：

假覆層柱狀纖毛上皮由柱狀細胞、梭形細胞和錐體形細胞等幾種形狀、大小不同的細胞組成。柱狀細胞游離面具有纖毛。上皮中也常有杯狀細胞。由於幾種細胞高矮不等，只有柱狀細胞和杯狀細胞的頂端伸到上皮游離面，細胞核的位置也深淺不一，故從上皮垂直切面看很像覆層上皮。但這些高矮不等的細胞基底端都附在同一基膜上，實際上為單層上皮（圖1-5）。

主要分佈在呼吸管道的腔面，具有分泌黏液、清除灰塵和細菌的作用。此外，黏膜表面的分泌液還有濕潤乾燥空氣的作用。

(5) 覆層扁平上皮：

覆層扁平上皮由多層扁平細胞組成，是最厚的一種上皮（圖1-6）。由上皮的垂直切面看，細胞的形狀和厚薄不一。緊靠基膜的一層細胞為立方形或矮柱狀，此層

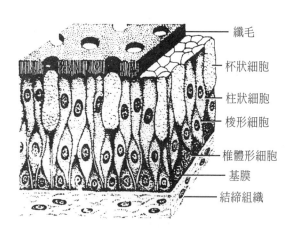

纖毛
杯狀細胞
柱狀細胞
梭形細胞
椎體形細胞
基膜
結締組織

圖1-5　假覆層柱狀纖毛上皮模擬圖

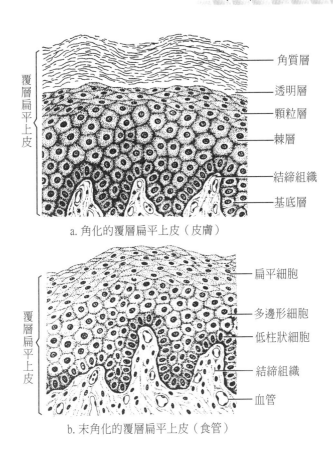

a. 角化的覆層扁平上皮（皮膚）

b. 末角化的覆層扁平上皮（食管）

圖1－6　覆層扁平上皮模擬圖

以上是數層多邊形細胞，再上為梭形細胞，淺層為幾層
扁平細胞。最表層的扁平細胞已經退化，並不斷脫落。
基底層的細胞較幼稚，具有旺盛的分裂能力，新生的細
胞漸向淺層移動，以補充表層脫落的細胞。覆層扁平上
皮具有很強的機械性保護作用，分佈於口腔、食管和陰

道等的腔面和皮膚表面，具有耐摩擦和阻止異物侵入等作用。受損傷後，上皮有很強的修復能力。

位於皮膚表面的覆層扁平上皮，其淺層細胞已無胞核，胞質中充滿的角蛋白（一種硬蛋白），是乾硬的死細胞，具有更強的保護作用，這種上皮稱角化的覆層扁平上皮。分佈在口腔和食管等腔面的覆層扁平上皮，淺層細胞是有核的活細胞，含角蛋白少，稱未角化的覆層扁平上皮。

(6) 覆層柱狀上皮：

覆層柱狀上皮的深層為一層或幾層多邊形細胞，淺層為一層排列較整齊的柱狀細胞。主要分佈在眼瞼結膜和男性尿道等處。

(7) 變移上皮：

變移上皮又名移行上皮，分佈在排尿管道（腎盞、腎盂、輸尿管和膀胱）的腔面。變移上皮的細胞形狀和層數可隨所在器官的收縮與擴張而發生變化。

如膀胱縮小時，上皮變厚，細胞層數較多，當膀胱充尿擴張時，上皮變薄，細胞層數減少，細胞形狀也變扁（圖1－7）。

2. 腺上皮

在人體內具有分泌功能的上皮統稱為腺上皮，由腺細胞構成。以腺上皮為主要成分組成的器官稱為腺或腺體。腺細胞的分泌物中含酶、糖蛋白（也稱黏蛋白）或激素等，各有特定的作用。腺可分為外分泌腺和內分泌腺兩類（圖1－8）。

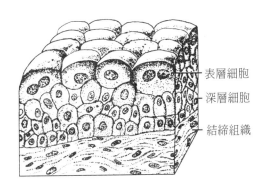

- 表層細胞
- 深層細胞
- 結締組織

圖1-7 變移上皮模擬圖(膀胱)

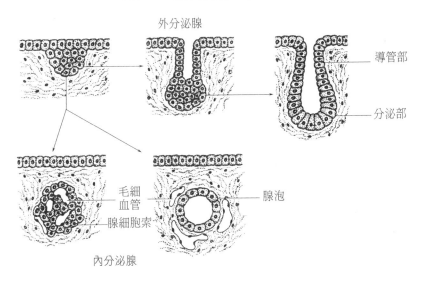

外分泌腺

- 導管部
- 分泌部
- 毛細血管
- 腺細胞索
- 腺泡

內分泌腺

圖1-8 外分泌腺和內分泌腺發生的模擬圖

(1) 外分泌腺:

主要由具有分泌功能的腺細胞構成,可分為分泌部和導管部兩部分。分泌物都需經過導管被輸送到體表

或某些器官的腔內，所以這種腺又稱為有腺管，如唾液腺、汗腺和胰腺等。

(2) 內分泌腺：

上皮細胞在分化過程中，有一部分向深層凹陷形成獨立的細胞團塊，並與原來的上皮細胞完全分開。這種腺沒有導管部，其分泌物的化學物質是激素，且分泌物不經導管排出，而經血液和淋巴輸送到全身，稱為內分泌腺，如甲狀腺、腎上腺等。主要參與調節人體的新陳代謝、生長發育和對外環境的適應性。

3. 感覺上皮

感覺上皮是由某些上皮細胞特殊分化而形成，這種具有感受功能的上皮稱為感覺上皮。主要分佈在特殊的感覺器官內，如視上皮、聽上皮、味上皮和嗅上皮等。

二、結締組織

（一）結締組織的主要特點

結締組織由少量的細胞和大量的細胞間質構成，結締組織的細胞間質包括基質、細絲狀的纖維和不斷循環更新的組織液，具有重要的功能意義。

結締組織在體內廣泛分佈，形態多樣，有的呈液態狀，如血液和淋巴，有的呈半固體狀或固體狀，如纖維結締組織、軟骨組織和骨組織等。具有連接、支援、防禦、修復、營養、保護和運輸等功能。

(二) 結締組織的分類

根據結締組織的結構和功能的不同，可將其分為：纖維性結締組織、支持性結締組織和營養性結締組織三類。

1. 纖維性結締組織

通常所說的結締組織僅指纖維性結締組織而言，包括疏鬆結締組織、緻密結締組織、脂肪組織和網狀組織。

(1) 疏鬆結締組織：

疏鬆結締組織由於結構疏鬆，呈蜂窩狀，所以又稱為蜂窩組織（圖1-9）。結構特點是細胞種類較多，纖維

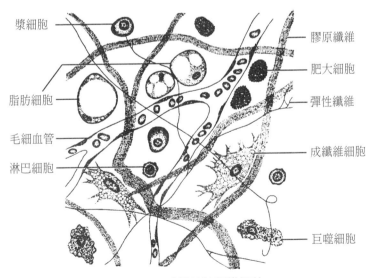

圖1-9 疏鬆結締組織切片

較少，排列稀疏。分佈於皮下組織（淺筋膜）、筋膜間隙、器官之間和血管神經束的周圍。主要具有連接、支援、防禦、營養和創傷修復等功能。

①細胞：疏鬆結締組織的細胞種類較多，其中包括成纖維細胞、巨噬細胞、漿細胞和肥大細胞等。各類細胞的數量和分佈隨著疏鬆結締組織存在的部位和功能狀態而不同。成纖維細胞具有合成纖維和基質等功能，巨噬細胞和漿細胞主要有防禦和保護等功能。

②細胞間質：細胞間質包括基質和纖維。基質是一種由生物大分子構成的膠狀物質，具有一定的黏性。主要由蛋白質和黏多糖構成，可限制細菌、毒素的侵入和擴散。在細胞間質中含有從毛細血管動脈端滲入基質內的液體，稱為組織液。它是細胞、組織和血液進行物質交換的場所。如組織液循環障礙，可形成水腫。纖維主要由成纖維細胞產生，呈細絲狀，排列疏鬆，交織成網，可分為膠原纖維、彈性纖維和網狀纖維三種。主要形成一些器官的支架，起支持作用。

(2) 緻密結締組織：

緻密結締組織也是由細胞和細胞間質組成的纖維性結締組織，其特點是纖維粗大，排列緻密，細胞主要是成纖維細胞，纖維主要是膠原纖維為主。主要以支援和連接為其功能。根據纖維的性質和排列方式，可分為以下幾種類型。

①規則的緻密結締組織：主要構成肌腱（圖1-10）和腱膜。大量密集的膠原纖維順著受力的方向平行排列成束，基質和細胞很少，位於纖維之間。

②不規則的緻密結締組織：分佈於真皮、硬腦膜、鞏膜及許多器官的被膜等，特點是方向不一的粗大的膠原纖維彼此交織成緻密的板層結構，纖維之間含少量基質和成纖維細胞。

③彈性組織：是以彈性纖維為主的緻密結締組織。粗大的彈性纖維平行排列成束，如項韌帶和黃韌帶，以適應脊柱運動；或編織成膜

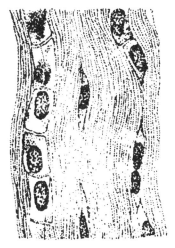

圖1－10 肌 腱

狀，如彈性動脈中膜的彈性組織，以緩衝血流壓力。

(3) 脂肪組織：

脂肪組織主要由大量群集的脂肪細胞構成，形成脂肪細胞團，並被疏鬆結締組織分隔成小葉（圖1－11）。主要分佈於皮下、大網膜、腸系膜和一些器官的周圍。根據脂肪細胞結構和功能的不同，可分為黃（白）色脂

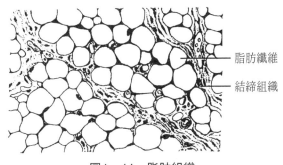

脂肪纖維

結締組織

圖1－11 脂肪組織

肪組織和棕色脂肪組織。具有貯存脂肪、保持體溫、參與能量代謝、緩衝保護和支持填充等作用。

(4) 網狀組織：

網狀組織是造血器官和淋巴器官的基本組織成分，由網狀細胞、網狀纖維和基質構成。其特點是細胞少、間質多，網狀纖維交織成網。網狀細胞是有突起的星狀細胞，相鄰細胞的突起相互連接成網。主要分佈在骨髓、淋巴結、肝、脾等造血器官和淋巴器官，並構成這些器官的支架。主要具有吞噬異物的功能，所以，它是人體內防禦系統中的一個重要組成部分。

2. 支持性結締組織

支持性結締組織包括軟骨組織和骨組織。

(1) 軟骨組織：

軟骨由軟骨組織及其周圍的軟骨膜構成，軟骨組織由軟骨細胞、基質及纖維構成。軟骨是固態的結締組織，略有彈性，能承受壓力和摩擦，有一定的支持和保護作用。胎兒早期的軀幹和四肢支架主要為軟骨，成人軟骨僅分佈於關節面、椎間盤、某些骨連接部位、呼吸道及耳廓等處。根據軟骨組織內所含纖維的不同，可將軟骨分為透明軟骨、纖維軟骨和彈性軟骨三種。

①透明軟骨：透明軟骨的分佈較廣，結構也較典型，成人的關節軟骨、肋軟骨和呼吸道的一些軟骨均屬這種軟骨。新鮮時呈半透明狀，較脆，易折斷。透明軟骨間質中的纖維為膠原纖維，含量較少，基質較豐富（圖1－12）。

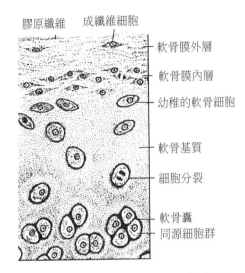

膠原纖維　成纖維細胞
軟骨膜外層
軟骨膜內層
幼稚的軟骨細胞
軟骨基質
細胞分裂
軟骨囊
同源細胞群

圖1-12　透明軟骨超微結構模式圖

②纖維軟骨：纖維軟骨分佈於椎間盤、關節盤及恥骨聯合等處。結構特點是有大量呈平行或交錯排列的膠原纖維束，軟骨細胞較小而少，常成行分佈於纖維束之間（圖1-13）。

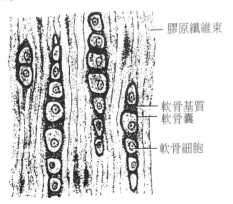

膠原纖維束
軟骨基質
軟骨囊
軟骨細胞

圖1-13　纖維軟骨

③彈性軟骨：彈性軟骨分佈於耳廓及會厭等處。結構類似透明軟骨，特點是間質中有大量交織成網的彈性纖維，纖維在軟骨中部較密集，周邊部較稀少（圖1－14）。這種軟骨具有良好的彈性。

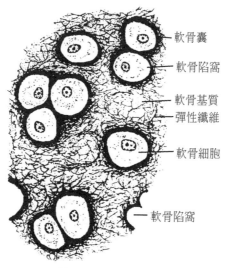

軟骨囊

軟骨陷窩

軟骨基質
彈性纖維

軟骨細胞

軟骨陷窩

圖1－14　彈性軟骨

(2) 骨組織：

骨組織是人體內最堅硬的一種結締組織，是構成骨的主要成分，由大量鈣化的細胞間質及數種細胞構成。其特點是細胞間質內貯存著體內99%以上的鈣，是機體重要的「鈣庫」。骨組織與鈣和磷的代謝有關。鈣化的細胞間質稱為骨基質。骨組織的細胞有骨原細胞、成骨細胞、骨細胞及破骨細胞四種（圖1－15）。

①骨組織的結構：骨組織由細胞、基質和纖維構成。

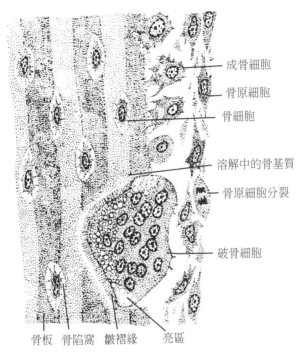

成骨細胞

骨原細胞

骨細胞

溶解中的骨基質

骨原細胞分裂

破骨細胞

骨板　骨陷窩　皺褶緣　亮區

圖1－15　骨組織的各種細胞

　　細胞按形態可分為骨細胞、骨原細胞、成骨細胞和破骨細胞四種，在不同條件下四種細胞可以相互轉化。

　　骨細胞是有許多細長突起的細胞，單個分散於骨板內或骨板間，胞體較小，呈扁橢圓形，其所在空隙稱骨陷窩，突起所在的空隙稱骨小管。骨小管彼此連通，骨陷窩和骨小管內含組織液，可營養骨細胞和輸送代謝的產物。

　　骨基質即骨的細胞間質，由有機物和無機物構成，含水極少。有機物由成骨細胞分泌形成，約占成人骨幹

重的35％，主要成分是黏多糖和蛋白質。無機物又稱骨鹽，主要是含鈣的鹽類，約占成人骨幹重的65％。有機物和無機物的緊密結合使骨十分堅硬。

纖維主要是膠原纖維，是基組織中的有機成分。每層纖維與基質結合在一起，形成骨板。成層排列的骨板猶如多層木質膠合板。同一骨板內的纖維相互平行，相鄰骨板的纖維則相互垂直，這種結構形式有效地增強了骨的支持力。

②骨板的結構：根據骨板的分佈和功能，可將骨板分為骨鬆質和骨密質。

骨鬆質分佈於長骨的骨和扁骨、短骨與不規則骨的內部，是大量針狀或片狀骨小梁（骨板）相互交織而成的多孔隙網狀結構，網孔即骨髓腔，其中充滿骨髓。骨小梁由數層平行排列的骨板和骨細胞構成，其排列方向和張力方向一致。

骨密質分佈於長骨骨幹和扁骨、短骨與不規則骨的表層。主要由規則的骨板緊密排列而成。它的抗壓、抗扭曲能力強。現以長骨的骨幹為例，說明環骨板、骨單位和間骨板三種骨板的排列方式（圖1－16）。

環骨板分佈於長骨幹的外側面及近骨髓腔的內側面，分別稱為外環骨板及內環骨板。

骨單位又稱哈佛系統，是長骨幹起支援作用的主要結構單位，位於內、外環骨板之間，數量較多，呈筒狀，由10～20層同心圓排列的骨板（哈佛骨板）圍成。各層骨板之間有骨細胞。各層骨細胞的突起經骨小管穿越骨板相互連接。骨單位的中軸有一中央管，或稱哈佛

管，內含骨膜組織、毛細血管（有的是微動、靜脈）和神經。

間骨板是填充在骨單位之間的一些不規則的平行骨板，是陳舊的哈佛骨板被破壞後的殘留部分，其中除骨陷窩及骨小管外，無其他管道。

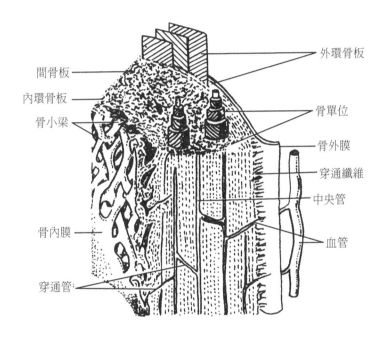

圖1-16　骨幹結構模式圖

3. 營養性結締組織

營養性結締組織包括血液、淋巴液等（詳見運動生理學）。

三、肌組織

肌組織廣泛分佈於骨骼、內臟和心血管等處。主要由肌細胞組成，肌細胞之間有少量的結締組織以及血管和神經，肌細胞細長呈纖維狀，故又稱為肌纖維。肌纖維的細胞膜稱肌膜，細胞質稱肌漿，肌漿中有許多與細胞長軸相平行排列的肌絲，它們是肌纖維舒縮功能的主要物質基礎。

根據結構和功能的特點，將肌組織分為三類：骨骼肌、心肌和平滑肌。骨骼肌和心肌屬於橫紋肌；心肌和平滑肌受植物神經支配，為不隨意肌。

人體的各種運動，如行走、跑跳、胃腸蠕動、呼吸、排泄和循環等活動，都需要依靠肌細胞的收縮和舒張來實現。

（一）骨骼肌

骨骼肌借肌腱附著在骨骼上，主要由骨骼肌纖維構成（圖1－17）。骨骼肌纖維是呈長圓柱狀的多核細胞。在光鏡下可見明暗相間的橫紋，故又稱為橫紋肌。它的活動受軀體神經支配，所以又稱隨意肌，完成人體的各種隨意運動。

1. 骨骼肌纖維的超微結構

骨骼肌纖維由肌膜、肌漿和肌細胞核三部分構成。

(1) 肌膜：

即肌細胞膜，分內、外兩層。分佈在每條肌纖維周圍的少量結締組織為肌內膜，肌內膜含有豐富的毛細血管。肌外膜以及血管和神經的分支伸入肌內，分隔和包圍大小不等的肌束，形成肌束膜。

(2) 肌漿：

即肌細胞質。其中含有許多肌原纖維、肌漿網、肌紅蛋白、線粒體、脂滴、糖原等重要物質。

①肌原纖維：是由上千條粗、細兩種肌微絲有規律

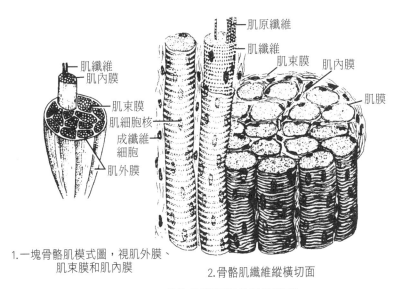

1.一塊骨骼肌模式圖，視肌外膜、
　肌束膜和肌內膜

2.骨骼肌纖維縱橫切面

圖1-17　骨骼肌與周圍結締組織膜

地平行排列組成的，明、暗帶就是這兩種肌微絲排布的結果。粗肌微絲位於肌節的 A 帶，粗肌微絲中央借 M 線固定，兩端游離。細肌微絲的一端固定在 Z 線上，另一端插入粗肌微絲之間，止於 H 帶外側。因此，I 帶內只有細

肌微絲，A帶中央的H帶內只有粗肌微絲，而H帶兩側的
A帶內既有粗肌微絲又有細肌微絲（圖1－18）；所以在
此處橫切面上可見一條粗肌微絲周圍有6條細肌微絲；而
一條細肌微絲周圍有3條粗肌微絲。兩種肌微絲在肌節內
的這種規則排列以及它們的分子結構，是肌纖維收縮功
能的物質基礎。

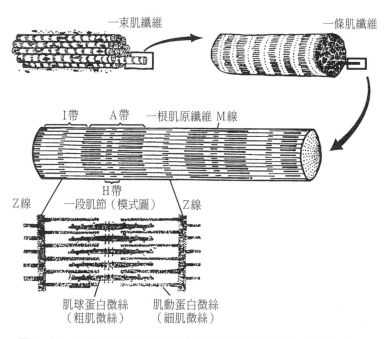

圖1－18　骨骼肌肌原纖維超微結構及兩種肌微絲分子結構模式圖

　　②肌漿網：是肌纖維內特化的滑面內質網，位於橫
小管之間，縱行包繞在每條肌原纖維周圍，故又稱縱小
管。位於橫小管兩側的肌漿網呈環行的扁囊，稱終池，
終池之間則是相互吻合的縱行小管網。每條橫小管與其

兩側的終池共同組成骨骼肌三聯體（圖1－19）。在橫
小管的肌膜和終池的肌漿網膜之間形成三聯體連接，可
將興奮從肌膜傳到肌漿網膜。肌漿網膜上有豐富的鈣泵
（一種ATP酶），有調節肌漿中Ca^{2+}（鈣離子）濃度的作
用。

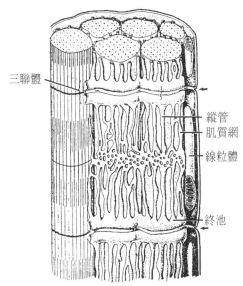

三聯體

縱管
肌質網

線粒體

終池

箭頭所指為橫小管，橫小管與肌質網密切接觸形成三聯體（1.2.3）

圖1－19　骨骼肌纖維超微結構立體模式圖

2. 骨骼肌纖維的收縮原理

目前被公認的是肌微絲滑動學說。這一學說認為，
當肌肉收縮或鬆弛時，主要是肌節中的肌微絲滑動的結
果。其過程大致如下：

①運動神經末梢將神經衝動傳遞給肌膜；

②肌膜的興奮經橫小管迅速傳向終池；

③肌漿網膜上的鈣泵活動，將大量 Ca^{2+} 轉運到肌漿內；

④肌原蛋白（Tn）C 與 Ca^{2+} 結合後，發生構型改變，進而使原肌球蛋白位置也隨之變化；

⑤原來被掩蓋的肌動蛋白位點暴露，迅即與肌球蛋白頭接觸；

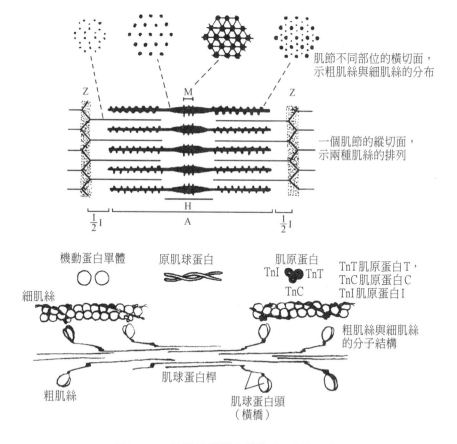

肌節不同部位的橫切面，示粗肌絲與細肌絲的分布

一個肌節的縱切面，示兩種肌絲的排列

機動蛋白單體　　原肌球蛋白　　肌原蛋白　　TnT肌原蛋白T，
　　　　　　　　　　　　　　　TnI　　TnT　TnC肌原蛋白C
　　　　　　　　　　　　　　　　TnC　　　TnI肌原蛋白I

細肌絲

粗肌絲與細肌絲的分子結構

肌球蛋白桿

粗肌絲

肌球蛋白頭（橫橋）

圖1－20　骨骼肌纖維收縮的分子結構圖解

⑥肌球蛋白頭ATP酶被啟動，分解了ATP並釋放能量；

⑦肌球蛋白的頭及杆發生屈曲轉動，將肌動蛋白拉向M線（圖1－20）；

⑧細肌微絲向 A 帶內滑入，I 帶變窄，A 帶長度不變，但H帶因細肌微絲的插入可消失（圖1－21），由於

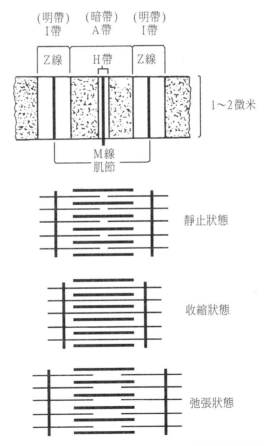

圖1－21　骨骼肌纖維收縮時肌節結構變化圖解

細肌微絲在粗肌微絲之間向 M 線滑動，肌節縮短，肌纖維收縮；

⑨收縮完畢，肌漿內Ca^{2+}被泵入肌漿網內，肌漿內Ca^{2+}濃度降低，肌原蛋白恢復原來構型，原肌球蛋白恢復原位又掩蓋住肌動蛋白位點，肌球蛋白頭與肌動蛋白脫離接觸，肌纖維則處於鬆弛狀態。

（二）心　肌

心肌（圖1－22）分佈於心臟，構成心房、心室壁的肌層，由心肌纖維組成。心肌收縮具有自動節律性，緩慢而持久，不易疲勞。

根據心肌纖維的結構和功能，可以分為兩種，一種是具有收縮功能的心肌纖維，它是構成心壁的主要成分。另一種是由少數經過特殊分化而形成的具有傳導衝動功能的特殊心肌纖維，它參與構成心傳導系。

圖1－22　心肌

（三）平滑肌

平滑肌（圖1-23）廣泛分佈於血管壁和許多內臟器官，又稱內臟肌。平滑肌的收縮較為緩慢和持久。平滑肌纖維呈長梭形，無橫紋，細胞核為單核，呈長橢圓形或杆狀，位於中央。平滑肌纖維大小不一，一般長200微米，直徑8微米；小血管壁平滑肌短至20微米，而妊娠子宮平滑肌可長達500微米。平滑肌纖維可單獨存在，絕大部分是成束或成層分佈。

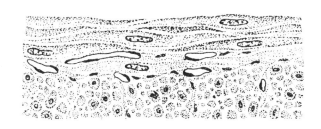

圖1-23　平滑肌

四、神經組織

神經組織構成神經系統，主要是由神經細胞和神經膠質細胞組成，它們都是有突起的細胞，但功能不同。神經元數量龐大，具有接受刺激、產生興奮和傳導興奮（神經衝動）的作用。有些神經元還有內分泌功能。

神經膠質細胞的數量比神經元多，主要的功能是對神經元起支持、保護、分隔、營養、修復等作用，兩者的關係十分密切。

(一) 神經細胞

1. 神經元的構造

神經細胞是神經系統的結構和功能單位，亦稱神經元。神經元的形態多種多樣，但每個神經元都可分為胞體和胞突兩部分（圖1-24）。

(1) 胞體：

是神經元的營養和機能中心，大小差異大，形態多種多樣，但與體內其他細胞一樣，都是由細胞膜、細胞質和細胞核三部分組成。

①細胞膜：位於細胞的表面，除具有一般細胞膜的作用外，其主要生理機能特徵是接受刺激、傳導神經衝動和資訊處理。

②細胞質：除含有一般細胞器（如線粒體、中心體和高爾基複合體）外，還含有豐富的尼氏體和神經元纖維。大神經元尤其是運動神經元的尼氏體豐富而粗大，呈斑塊狀；小神經元的尼氏體較小而少。尼氏體大小和數量可隨著生理狀況的不同而發生變化。如神經細胞過度疲勞或損傷時，尼氏體變小，數量減少，甚至消失。當休息或損傷情況好轉時，尼氏體又可復原。

③細胞核：多為一個，大而且圓，位於細胞的中央。染色較淺，核仁大而明顯，是合成核蛋白的主要結構。

(2) 胞突：

是由胞質連胞膜向外所形成的突起。根據胞突的形狀和功能可分為樹突和軸突兩種。

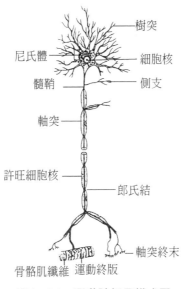

尾氏體　細胞核

髓鞘　側支

軸突

許旺細胞核　郎氏結

軸突終末

骨骼肌纖維　運動終版

圖1-24　運動神經元模式圖

　　①樹突：因呈樹枝狀而得名。樹突的功能主要是接受刺激，樹突上的樹突棘使神經元的接受面積擴大。

　　②軸突：軸突通常自胞體發出，但也有從主樹突幹的基部發出，長短不一，短者僅數微米，長者可達一米以上。軸突一般比樹突細，全長直徑較均一，有側支呈直角分出。軸突的功能主要是傳導神經衝動，是神經元發生衝動的起始部位。

2. 神經元的分類

　　(1) 根據神經元的功能可將神經元分為：感覺神經元、運動神經元和中間神經元。

　　①感覺神經元：或稱傳入神經元，多為假單極神經元，胞體主要位於腦、脊神經節內，其周圍突的末梢分

佈在皮膚和肌肉等處，接受刺激，將刺激傳向中樞。

②運動神經元：或稱傳出神經元，多為多極神經元，胞體主要位於腦、脊髓和植物神經節內，它把神經衝動傳給肌肉或腺體，產生效應。

③中間神經元：介於前兩種神經元之間，多為多極神經元。動物越進化，中間神經元越多，人神經系統中的中間神經元約占神經元總數的99％，構成中樞神經系統內的複雜網路。

(2) 根據突起的多少可將神經元分為三種：多極神經元、雙極神經元和假單極神經元（圖1－25）。

①多極神經元：有一個軸突和多個樹突。

②雙極神經元：有兩個突起，一個是樹突，另一個是軸突。

③假單極神經元：從胞體發出一個突起，距胞體不

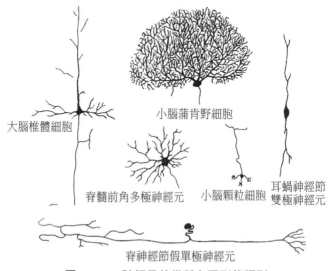

大腦椎體細胞

小腦蒲肯野細胞

脊髓前角多極神經元

小腦顆粒細胞

耳蝸神經節
雙極神經元

脊神經節假單極神經元

圖1－25 神經元的幾種主要形態類型

遠又呈「T」形分為兩支，一支分佈到外周的其他組織
的器官，稱周圍突；另一支進入中樞神經系統，稱中樞
突。假單極神經元的這兩個分支，按神經衝動的傳導方
向，中樞突是軸突，周圍突是樹突；但周圍突細而長，
與軸突的形態類似，故往往通稱軸突。

3. 神經纖維

神經纖維是由神經元的長軸突外包神經膠質細胞所
成。根據包裹軸突的膠質細胞是否形成髓鞘，神經纖維
可分為有髓神經纖維和無髓神經纖維。神經纖維主要構
成中樞神經系統的白質及周圍神經系統的腦神經、脊神
經和植物神經（圖1－26）。

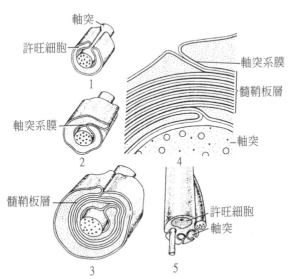

1.2.3.髓鞘發生過程　4.有髓神經纖維超微結構　5.無髓神經纖維超微結構

圖1－26　周圍神經纖維髓鞘形成及超微結構模式圖

(1) 有髓神經纖維：

有髓神經纖維較粗，腦和脊髓內的神經纖維多屬於這一種。有髓神經纖維的軸突，起始段和終末處均包有髓鞘，髓鞘分成許多節段，各節段間的縮窄部稱郎氏結。髓鞘的化學成分主要是髓磷脂，具有絕緣作用，故傳導神經衝動的速度快。神經膜是包在髓鞘之外的膜，主要具有營養、保護和再生的作用。

(2) 無髓神經纖維：

無髓神經纖維較細，無髓鞘和郎氏結，電流通過軸膜是沿著軸突連續傳導的，故其傳導速度比有髓神經纖維慢得多。

4. 突　觸

突觸是神經元傳遞資訊的重要結構，它是神經元與神經元之間，或神經元與非神經細胞之間的一種特化的細胞連接，透過它的傳遞作用實現細胞與細胞之間的單向通訊。在神經元之間的連接中，最常見的是一個神經元的軸突終末與另一個神經元的樹突、樹突棘或胞體連接，構成了軸——樹和軸——體突觸。此外還有軸——軸和樹——樹突觸等。

突觸可分為化學突觸和電突觸兩大類。化學突觸是以化學物質（神經遞質）作為傳遞的媒介，電突觸是以電流（電訊號）傳遞資訊。哺乳動物神經系統以化學突觸占大多數，通常所說的突觸是指化學突觸而言。

突觸的結構可分突觸前成分、突觸間隙和突觸後成分三部分。突觸前、後成分彼此相對的細胞膜分別稱為

突觸前膜和突觸後膜，兩者之間的狹窄間隙為突觸間隙（圖1－27）。

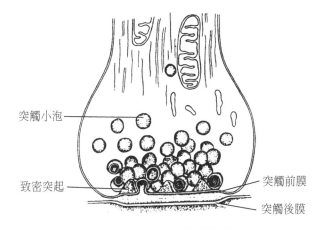

突觸小泡

致密突起

突觸前膜

突觸後膜

圖1－27　化學突觸超微結構模式圖

（二）神經膠質細胞

　　神經膠質細胞簡稱神經膠質，廣泛分佈于中樞和周圍神經系統，其數量比神經元的數量大得多，神經膠質與神經元數目之比為10：1～50：1。

　　神經膠質與神經元一樣具有突起，但其胞突不分樹突和軸突，沒有傳導神經衝動的功能。它的形態結構和功能都與神經元不同，主要具有支持、保護、營養、運輸、絕緣和修復等功能。

附一　器官的概念

　　由一種組織為主，幾種不同的組織結合在一起構成具有一定功能的形態結構，稱為器官，如心、肝、脾和

胃等。

附二　系統的概念

由結構和功能上密切相關的許多器官相結合，共同執行某種特定的生理功能，稱為系統。如運動、消化、呼吸、泌尿、脈管、神經、生殖、內分泌和感覺器九大系統。

復習與思考

(1) 細胞由哪幾部分組成？

(2) 簡述細胞膜的構成、特性與功能。

(3) 什麼是細胞器？舉1～2例說明其功能。

(4) 簡述細胞核的組成與功能。

(5) 什麼是細胞間質？

(6) 試述上皮組織的主要特點、分類與分佈。

(7) 試述結締組織的主要特點、分類與分佈。

(8) 闡述骨骼肌超微結構與肌微絲滑動學說。

(9) 闡述神經元的構造與分類。

人體運動的執行體系

- 骨與骨連結

- 骨骼肌

- 體育動作解剖學分析

第二章　骨與骨連結

學習要求

(1) 瞭解正常人骨的形狀與數目。

(2) 掌握新鮮骨的構造。

(3) 弄清骨的物理特性與化學成分。

(4) 明確骨化、骨的生長與骨齡。

(5) 瞭解骨的功能。

(6) 瞭解全身骨是怎樣連結起來的（骨連結分類）。

(7) 掌握關節的主要構造和輔助結構。

(8) 熟練掌握關節的運動。

(9) 熟悉關節的分類。

(10) 瞭解關節的運動幅度及其影響因素。

(11) 重點掌握肩胛骨、肱骨、尺骨、橈骨、髖骨、股骨、脛骨、腓骨和一塊椎骨。

(12) 重點掌握肩關節、肘關節、腕關節、髖關節、膝關節、踝關節和脊柱的組成、特點與運動。

知識點與應用

　　骨與骨連結（關節）是人體運動執行體系（即運動系統）的重要組成部分。它們相對骨骼肌（肌肉）來說，屬

於被動部分。首先必須弄清兩個概述：一是骨概述，二是骨連結概述。然後掌握三個大塊：一是軀幹骨及其連結，二是上肢骨及其連結，三是下肢骨及其連結。

具體來說每個學習者重點掌握9塊骨的位置、形態、區分及重要骨性標誌（組成關節的關節面名稱；大塊肌肉的附著點，即肌肉的起點或止點；在人體測量中常用的骨點；在針灸按摩中常用取穴位的參照物骨點）。此外還要瞭解六大關節和脊柱的組成、結構特點與運動，即肩關節、肘關節、腕關節、髖關節、膝關節、踝關節和脊柱的組成、結構特點、關節面形狀與運動。

其次對肩帶的組成與運動；骨盆的組成與運動；足弓的區分與意義；扁平足的區分與矯正等知識也應該掌握。

在對優秀運動員身體形態特徵的研究中發現，不同項目運動員，上肢長度有較大的差異。投擲運動員上肢較長（指骨）且粗壯（指肌肉發達）。上肢長，則旋轉半徑長，最後用力的工作距離長，可以獲得較大的線速度，有利於提高鐵餅的出手初速度，它的效果就是投擲得更遠，有利於提高擲鐵餅的成績。

舉重運動員上肢相對較短，但肩較寬，手指骨較長，這些特徵有利於舉重成績的提高。而體操運動員的肩胛骨與鎖骨較平，手臂又較直，這些特徵有利於支撐。

受試者兩臂側平舉，按要求測得兩手中指尖之間的最大距離，稱為指距。一般指距大的運動員，從事籃球、排球、投擲鐵餅、投擲標槍和划船運動十分有利。

下肢的長度在選材中很重要，速度性的運動員下肢較長，小腿長於大腿。體操運動員的小腿長，大腿較短，則動作造型更美。

測臂長是以大結節為標誌，測腿長則是以大轉子為標誌，測肩寬是以兩肩胛骨的肩峰為標誌，測骨盆寬是以兩邊髂嵴之間最遠點為標誌，測胸圍時男、女後部肩胛骨下角處是放置皮尺的地方，其他都按測量要求進行，就可以獲得有關人體測量的參數。在選材工作中，這些操作方法比較容易掌握，而且準確。

肩關節是人體諸關節中最靈活的關節。它由肱骨頭和關節盂組成，在關節分類中屬單關節、單動關節和多軸關節。就形狀而言，屬於典型的球窩關節。它在結構上的特點主要是，關節面積差大；關節囊薄而鬆，尤其前下方；加固關節的韌帶少而小。所以肩關節靈活性好，運動幅度大，但是牢固性較差。

當人體運動中向後、向側方摔倒時，易發生肱骨前下方脫位。這就告訴人們在向後、向側方摔倒時，不可用手撐地，以免發生肩關節脫位。怎麼辦呢？這時應上臂內收緊貼胸廓，身體盡可能成為球形（低頭、團身）順勢向後、向側方滾翻進行緩衝，以避免肩關節脫位的發生。

肘關節由肱骨、尺骨和橈骨的相應關節面組成，屬複關節。人體在運動中，有時因故向側方或向後摔倒，這時若反射性地用手撐地，可能發生尺骨向肘關節後上方脫位，為了避免這一損傷的發生，其保護方法與肩關節的保護方法相同。

腕關節也叫橈腕關節。當人體運動時，向前摔倒，也會反射性地用手撐地，這時可能造成橈、尺骨雙骨折，或者手舟骨骨折。為了避免這一損傷的發生，向前摔倒時，同樣不能用手撐地，還是低頭團身，使身體成為球形，順勢向前滾翻。

至於髖關節，其關節面積差小，關節囊厚而緊張，加固關節的韌帶又多又強，這些特點就決定了髖關節很牢固，但是它的靈活性較差。所以在運動訓練中主要是進行加強髖關節靈活性訓練，可以多做一些踢腿（前、側、後）、壓腿和劈腿等練習，發展髖關節的靈活性，以增加關節的運動幅度。

膝關節是人體中最複雜的關節，屬複關節，其形狀接近滑車球窩關節（或滑車橢圓關節），它的基本運動是屈和伸。當膝關節屈，小腿可做幅度不大的內旋與外旋運動，還可做幅度不大的環轉運動，足球運動員就是靠膝關節屈位做上述動作去控制球。

由於膝關節構造複雜，可能出現髕骨勞損、半月板撕裂、側副韌帶傷、十字韌帶傷、滑囊炎、脂肪墊損傷等等。膝關節的基本運動是屈和伸，千萬不要強行做外展與內收動作，在每次訓練和比賽前一定要做好充分的準備活動，必要時可戴上護膝加以保護。關鍵是平時要加強下肢肌肉的力量練習，尤其是股四頭肌的力量。凡是下肢肌肉力量強的人，膝關節損傷就比較少見。

踝關節由脛、腓骨和距骨的相應關節面組成，屬複關節、特殊的滑車關節。它的主要運動也是屈伸，由於距骨滑車前寬後窄，當足屈時，距骨滑車窄的部位進了

叉狀關節窩內，這時腳可以繞矢狀軸做內翻（即內收）和外翻（即外展）運動，正因為如此，腳只要落到不平的地面時，就會扭傷（俗稱崴腳）。往往在腳屈時，並且在內翻位扭傷。

籃球運動員爭搶籃板球時落在他人腳上，體操運動員在器械上做下法落在墊子邊上，長跑中腳踩了石頭或凹地都可能崴腳。因此我們要有針對性的防範措施，一旦受傷可以迅速將腳放在冷水中浸泡10多分鐘進行冷敷，減少內出血，或者加壓包紮也可以止住內出血，為以後的治療創造有利的條件。

一般的人都有足弓（內側縱弓、外側縱弓和橫弓）。具有足弓很有意義：足弓具有彈性，可以緩衝運動中的震動，有保護作用；足底的血管、神經不受壓迫，足長時間運動（走、跑、跳等）不易疲勞；有足弓的腳三點著地，穩定而有利於平衡。

然而有的人是扁平足。扁平足分為解剖性扁平足（外表扁平，但功能好）和功能性扁平足（外表扁平，走、跑、跳的功能不好），如果選材時碰到這種情況，可以測試一下。

對於屬解剖性扁平足的人，我們應該大膽地挑選，實際上優秀的運動員中，這種人並不少見。

正常成人脊柱應該具有頸前彎、胸後彎、腰前彎和骶後彎四個彎曲，稱之為生理彎曲。可是有的人脊柱出現了左、右側彎，這是不正常的彎曲，應該矯正。

第一節　骨概述

一、骨的數目與形狀

　　正常成人的骨共有206塊，兒童少年正處在生長發育時期，骨化沒有完成，有的骨被軟骨分隔成幾個部分，故兒童少年骨總數約270餘塊（圖2－1）。骨在人體內多數成對，如四肢骨。全身的骨分為兩大部分：中軸骨和附肢骨（即四肢骨）。

1. 中軸骨（80塊）

顱骨（29）〔含聽骨（3×2）＋舌骨（1）〕

胸骨（1）

肋骨（12×2）

椎骨（24）

骶骨（1）

尾骨（1）

2. 上肢骨（64塊）

鎖骨（1×2）　｜

肩胛骨（1×2）｜上肢帶骨

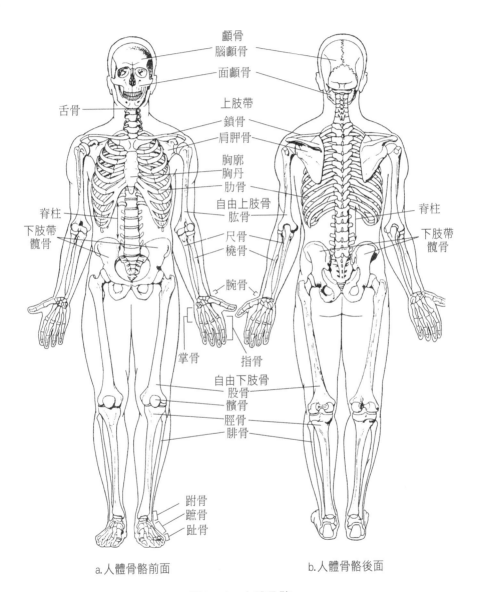

顱骨
腦顱骨
面顱骨
舌骨
上肢帶
鎖骨
肩胛骨
胸廓
胸丹
肋骨
自由上肢骨
肱骨
脊柱
下肢帶
髖骨
尺骨
橈骨
腕骨
掌骨
指骨
脊柱
下肢帶
髖骨
自由下肢骨
股骨
髕骨
脛骨
腓骨
跗骨
蹠骨
趾骨

a.人體骨骼前面　　　　　　　　b.人體骨骼後面

圖2－1　人體骨骼

肱骨（1×2）上臂骨

尺骨（1×2）
橈骨（1×2） ｝前臂骨 ｝自由上肢骨

腕骨（8×2）
掌骨（5×2） ｝手骨
指骨（14×2）

3. 下肢骨（62塊）

髖骨（1×2）下肢帶骨

股骨（1×2）
髕骨（1×2） ｝大腿骨

脛骨（1×2）
腓骨（1×2） ｝小腿骨 ｝自由下肢骨

跗骨（7×2）
蹠骨（5×2） ｝足骨
趾骨（14×2）

人體的骨按形狀分為長骨、短骨、扁骨和不規則骨四類（圖2-2）。

長骨：長骨分為兩端一體，兩端叫骨骺，中部叫體（或骨幹），體呈管狀且中空，這類骨主要分佈在四肢，在運動中起槓桿作用。

短骨：骨的長、寬、高三徑大約相等，這類骨主要分佈在腕部和踝部。

扁骨：骨的長、寬兩徑大，呈板狀，如肩胛骨和顱骨等，具有保護作用。

不規則骨：如椎骨和髖骨等。

此外，某些顱骨有空腔（有共鳴作用），其內有空氣，故稱為含氣骨。還有一種存在肌腱或韌帶內，呈圓形結節狀的小骨，稱為籽骨。

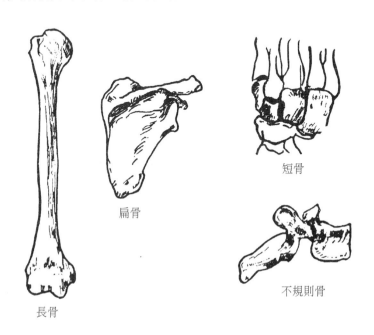

圖2－2 骨的形狀

二、骨的構造

實驗用的骨，在處理過程中，已將骨膜、關節面軟骨和骨髓去掉，只剩下骨質部分，這種骨叫枯骨。這裏講述骨的構造，是指新鮮骨的構造。

新鮮骨由骨膜（骨外膜和骨內膜）、骨質和骨髓三

部分組成（圖2－3）。

（一）骨　膜

分佈於所有骨的表面（關節面除外）的結締組織膜叫骨外膜。其內層有成骨細胞，可產生骨質，對骨的生長和骨折後的修復有著重要的作用。

分佈在長骨髓腔內壁的薄層結締組織膜叫骨內膜，內有破骨細胞，能破壞與吸收骨質，擴大骨髓腔。骨膜內有豐富的神經和血管。

（二）骨　質

骨質是骨的主要部分，它分為骨密質和骨鬆質兩種。骨密質分佈於所有骨質的外部和長骨的骨幹，骨質排列密實，抗壓、拉、彎曲、扭轉和撞擊的能力較強。

骨鬆質分佈在所有骨密質的內部及長骨的兩端。骨鬆質呈針狀或片狀稱為骨小梁，它的排列服從於力學規律，按所受的壓力和張力的大小與方向進行排列，分別形成壓力曲線和張力曲線（圖2－4）。這種曲線並非固定不變，它隨所受壓力、張力大小和方向的改變而變化。

（三）骨　髓

3～5歲以前的兒童全身的骨髓均為紅骨髓。以後長骨骨髓腔內的紅骨髓被脂肪逐漸代替，而變成黃骨髓。紅骨髓存在於長骨的兩端、短骨、扁骨和不規則骨的骨鬆質網眼內，終生不變，呈紅色、膠凍狀，能產生紅細胞和白細胞。黃骨髓主要由脂肪組織組成，沒有造血功

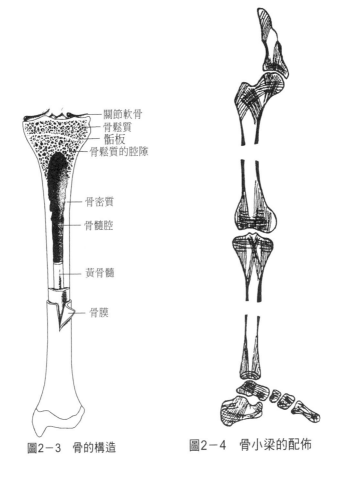

關節軟骨
骨鬆質
骺板
骨鬆質的腔隙

骨密質

骨髓腔

黃骨髓

骨膜

圖2－3　骨的構造　　　　圖2－4　骨小梁的配佈

能，但在人體因故失血過多或在重病後的恢復期，黃骨髓會暫時變為紅骨髓，具有造血功能。

三、骨的物理性質與化學成分

骨的物理性質是：骨具有堅硬性，也富有彈性。這

兩個物理性質與骨的化學成分分不開。

　　骨是由有機物和無機物構成。成人骨中有機物（骨膠原）約占 28.2%，無機物（水和鈣鹽等）約占 71.8%。若將骨火化，仍保持原狀，失掉有機物，骨具有脆性易碎。若將骨放入稀鹽酸中浸泡脫鈣，骨也能保持原狀，但失去了堅硬性，變得柔軟而富有彈性（圖2－5）。骨中的有機物和無機物的比例，隨年齡變化而變化。

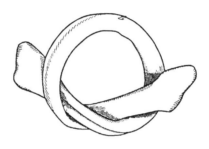

圖2－5　脫鈣腓骨

　　兒童少年骨中有機物比例大，所以骨柔軟，彈性好，但易變形；而老人骨的無機物比例大，所以骨的彈性差，容易骨折。據實驗室的研究，骨的堅硬性超過了花崗岩石，彈性超過了橡木。

四、骨化、骨齡和骨的生長

（一）骨　化

骨化是指在結締組織膜（即間充質）或軟骨的基礎

上變成骨的過程。前者叫膜化骨，如顱骨。後者叫軟骨化骨，如四肢的長骨。

（二）骨　齡

骨齡指骨骼的年齡，一是指小骨骨化中心出現的時間，二是指長骨骨骺與骨幹癒合的時間。骨齡在運動員選材、預測身高及運動成績方面有一定的參考價值（表2）。

表2　人體中主要骨的骨化癒合年齡表

部　位		骨化癒合年齡（歲）	
		男	女
上肢骨	鎖　骨	17～20	15～21
	肩胛骨	17～20	14～20
	肱　骨	17～20	16～17
	尺　骨	18～20	16～20
	橈　骨	17～20	17～20
下肢骨	髖　骨	16～25	13～25
	股　骨	17～22	15～18
	髕　骨	4～7	3～4
	脛　骨	16～20	15～18
	腓　骨	16～20	15～16

部　位		骨化癒合年齡（歲）	
		男	女
軀幹骨	椎　骨	25	25
	胸　骨	12～15	12～15
	肋　骨	20	20

（三）骨的生長

骨的生長包括骨長長和長粗兩個方面，兒童少年時期，骺軟骨（骨骺與骨幹之間的透明軟骨）不斷增生，同時不斷地骨化使骨長長。當骺軟骨不存在了（骺軟骨全部骨化了），人的身高也就不再增長了，大多在18～22歲，女性比男性略早2～3年。

骨的長粗是由於骨外膜內層中的成骨細胞不斷地製造骨質，骨內膜中的破骨細胞不斷破壞與吸收骨質，二者同時進行的結果。

五、骨的功能

骨是人體中最堅硬的組織，具有支援、保護、運動和造血的功能，此外它還是鈣和磷的儲備庫。

第二節　骨連結概述

骨連結是指骨與骨之間由纖維性結締組織、軟骨組織和骨組織相連結。

一、骨連結的分類

根據骨連結的方式不同，將骨連結分為直接連結（不動關節或纖維連結）和間接連結（動關節或滑膜連結）兩大類。此外，有人認為恥骨聯合為半關節（過渡型關節）。

（一）不動關節

骨與骨之間沒有腔隙的連結，這種連結方式不能活動或活動幅度很小，故稱為不動關節（圖2-6）。如前臂骨之間的連結；椎體間的連結；髂、恥、坐骨之間的連結；肋骨與胸骨之間的連結等。

（二）動關節

骨與骨之間具有腔隙的連結，這種連結方式能活動，有的運動幅度很大，故稱為動關節，通常稱為關節。

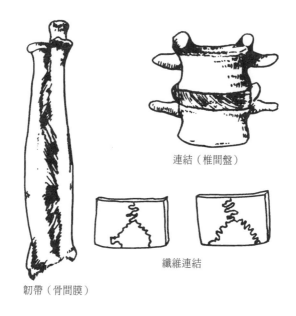

連結（椎間盤）

纖維連結

韌帶（骨間膜）

圖2-6 不動關節

二、關節的主要結構

關節的主要結構包括關節面及關節面軟骨、關節囊和關節腔三個部分（圖2-7），上述的三種結構稱之為關節的三要素，是每個關節必備的要素。否則不叫關節。

（一）關節面及關節面軟骨

關節面是組成關節骨相鄰的骨面，多數為一凸一凹，凸面為關節頭，凹面為關節窩。關節面處無骨膜，但有透明軟骨，具有彈性，能緩衝運動中的震動。實驗證明，充分的準備活動可以使關節面軟骨略有增厚，從

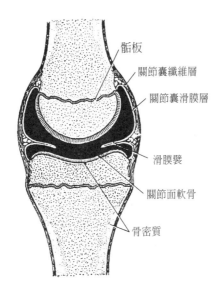

骺板

關節囊纖維層

關節囊滑膜層

滑膜襞

關節面軟骨

骨密質

圖2-7　關節主要結構模式圖

而進一步增強了緩衝能力，當運動停下來以後，關節面軟骨又恢復到安靜時的厚度。

（二）關節囊

關節囊是關節周圍的纖維性結締組織囊，分內、外兩層。外層厚，為纖維層，緻密而堅韌；內層薄而光滑，為滑膜層，能分泌少量滑液，用來潤滑關節面。

（三）關節腔

關節面和關節囊共同圍成的腔叫關節腔。腔內除了有少量的滑液外，還有負壓（低於大氣壓），對加固關節有重要的作用。

三、關節的輔助結構

關節的輔助結構有關節韌帶、關節唇、關節內軟骨、滑膜襞和滑膜囊等。

（一） 關節韌帶

關節韌帶有囊外韌帶、囊內韌帶和囊韌帶，它們的共同作用是加固關節，限制關節在某方位的運動幅度。

（二） 關節唇

關節唇為關節面周圍的纖維軟骨環，其主要作用是加大關節面、加深關節窩，使關節更加穩固。

（三） 關節內軟骨

關節內軟骨是位於關節內的纖維軟骨，有的呈盤狀叫關節盤，有的呈半月形叫半月板，其作用是使關節面之間更加適應。

（四） 滑膜襞

滑膜襞是關節囊的滑膜層向關節內突入而成高低不平的結構，往往有脂肪組織填充，故稱脂肪墊，其作用是增強關節的穩固性。

（五） 滑膜囊

滑膜囊是關節囊的滑膜層向關節外突出而成的小

囊，內有滑液，位於肌腱與骨面之間，其作用是運動時減少肌腱與骨面之間的摩擦。

四、關節的運動

在瞭解關節運動之前，首先必須瞭解什麼是環節和運動環節。

人體內兩個相鄰關節之間的部分叫環節，它是一個靜態概念。能繞關節某運動軸進行運動的環節叫運動環節，它是一個動態概念。有時幾個環節合為一個運動環節，如兩臂側平舉動作中的臂，就是由很多環節組成的運動環節。關節的運動包括以下五組（圖2-8）。

（一）屈和伸

運動環節繞額狀軸在矢狀面內，向前的運動叫屈，反之叫伸（膝關節及以下的關節相反）。

（二）外展與內收

運動環節繞矢狀軸在額狀面內，遠離正中面的運動叫外展，靠近正中面的運動叫內收（只用於四肢的關節運動，頭頸和軀幹的同樣運動叫左側屈或右側屈）。

（三）迴旋（內旋與外旋）

運動環節繞垂直軸在水平面內，由前向內的轉動叫內旋（旋內或旋前）；由前向外的轉動叫外旋（旋外或旋後）。以上只適用於四肢的關節運動。而頭頸和軀幹

的轉動叫左迴旋或右迴旋，軀幹的迴旋運動可以叫右轉體或左轉體。

（四）環轉（也叫繞環）

運動環節繞中間軸（三個基本軸的過渡軸）所進行的運動，運動環節運動的軌跡是圓錐體，圓錐體的尖在關節中心，運動環節末端描成圓錐體的底。

（五）水平屈和水平伸

肩關節（或髖關節）外展到90°向前的運動叫水平屈，向後的運動叫水平伸。如兩臂側平舉後向前運動叫水平屈，向後運動叫水平伸。

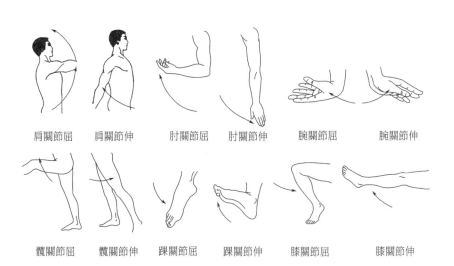

| 肩關節屈 | 肩關節伸 | 肘關節屈 | 肘關節伸 | 腕關節屈 | 腕關節伸 |

| 髖關節屈 | 髖關節伸 | 踝關節屈 | 踝關節伸 | 膝關節屈 | 膝關節伸 |

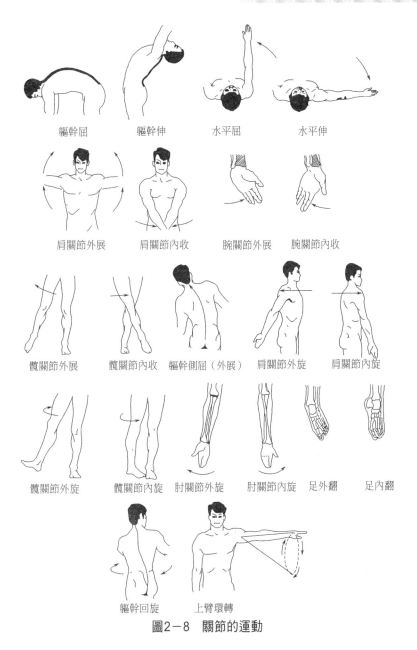

軀幹屈　　軀幹伸　　水平屈　　水平伸

肩關節外展　肩關節內收　腕關節外展　腕關節內收

髖關節外展　髖關節內收　軀幹側屈（外展）　肩關節外旋　肩關節內旋

髖關節外旋　髖關節內旋　肘關節外旋　肘關節內旋　足外翻　足內翻

軀幹回旋　　上臂環轉

圖2－8　關節的運動

五、關節的分類

（一）按組成關節骨的數目分

(1) **單關節**：由兩塊骨組成的關節叫單關節。如肩關節和髖關節。

(2) **複關節**：由三塊或以上的骨組成的關節，叫複關節。如肘關節和膝關節等。

（二）按關節運動情況分

(1) **單動關節**：凡是能單獨運動的關節，叫單動關節。如肩關節和肘關節等。

(2) **聯合關節**：兩個或兩個以上的關節，構造獨立，但必須同時進行運動的關節，叫聯合關節。如橈尺近側關節和橈尺遠側關節等。

（三）按關節面的形狀和運動軸的數目分（圖2－9）

(1) **單軸關節**：只有一個運動軸的關節，叫單軸關節。如滑車關節——肱尺關節，車軸關節——橈尺近側關節和橈尺遠側關節。

(2) **雙軸關節**：具有兩個運動軸的關節，叫雙軸關節。如橢圓關節——橈腕關節，鞍狀關節——拇指腕掌關節。

(3) **多軸關節**：具有多個運動軸的關節，叫多軸關節。如球窩關節——肩關節，平面關節——骶髂關節。

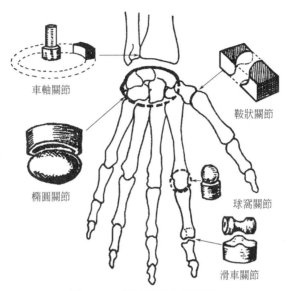

車軸關節

鞍狀關節

橢圓關節

球窩關節

滑車關節

圖2－9　關節面的各種形狀

六、關節的運動幅度及其影響因素

所謂關節的運動幅度，是指運動環節繞關節某運動軸所能轉動的最大範圍，通常用轉動角度的大小來表示。影響關節運動幅度大小的因素如下：

(1) 關節面積差的大小。關節面積差大的關節，則運動幅度大，反之則小。

(2) 關節囊的厚薄與鬆緊度。關節囊厚而緊的關節，運動幅度小，反之則大。

(3) 關節周圍韌帶的多少與強弱。加固關節的韌帶多而強的關節，運動幅度小，反之則大。

(4) 關節周圍骨突的大小與多少。關節周圍的骨突

大、多的關節，運動幅度小，反之則大。

(5) 關節周圍肌肉伸展性與彈性的好壞。關節周圍肌肉的伸展性與彈性好的，運動幅度大，反之則小。

(6) 關節周圍肌肉體積的大小。關節周圍肌肉體積大的運動幅度小，反之則大。

(7) 其他因素。如年齡、性別、項目、訓練水準、準備活動是否充分、當時的氣溫高低等，都在影響關節的運動幅度。

第三節　軀幹骨及其連結

一、軀幹骨

軀幹骨由脊柱骨（24塊獨立椎骨，1塊骶骨和1塊尾骨）、12對肋骨及1塊胸骨組成，共計51塊。

（一）脊柱骨

1. 椎　骨

椎骨包括頸椎7塊、胸椎12塊、腰椎5塊，此外還有1塊骶骨和1塊尾骨共五部分。

(1) 椎骨的一般特性

自第三頸椎向下直到第五腰椎，每個椎骨都有一個椎體（在前方）和一個椎弓（在後方），椎體與椎弓共同圍成的孔叫椎孔，所有椎孔重疊起來叫椎管，其內有脊髓；與椎體相連的椎弓叫椎弓根，上、下都有切跡，

所以較細，上、下相鄰的椎弓根圍成的孔叫椎間孔，此處有嵴神經通過；自椎弓上發出7個突起，向後的一個突起叫棘突，向兩側的突起叫橫突，向上向下的兩對，分別叫上關節突和下關節突（圖2-10）。

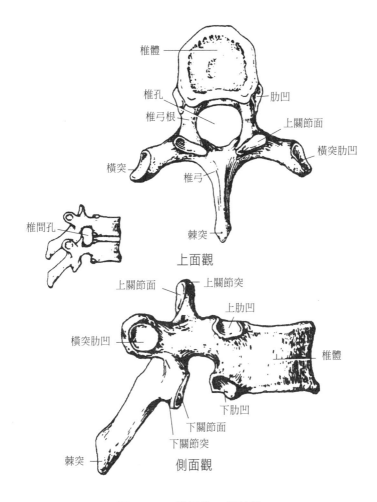

図2-10　椎骨的一般特徵

(2) **各部椎骨的主要特徵。**頸椎（圖2－11）共7塊，其主要特徵是橫突上有橫突孔。

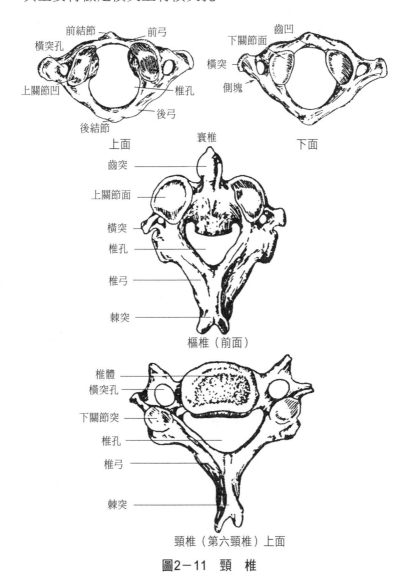

前結節　前弓
橫突孔
上關節凹　椎孔
後弓
後結節
上面

齒凹
下關節面
橫突
側塊
下面

寰椎

齒突
上關節面
橫突
椎孔
椎弓
棘突
樞椎（前面）

椎體
橫突孔
下關節突
椎孔
椎弓
棘突
頸椎（第六頸椎）上面

圖2－11　頸　椎

第一頸椎叫寰椎，無椎體和棘突，有前、後弓，在前弓後方有一光滑面叫齒凹。

第二頸椎叫樞椎，在椎體上方有一齒突，與第一頸椎的齒凹組成寰樞關節。

第七頸椎叫隆椎，它的棘突最長，不分叉呈結節狀，低頭時易摸著，是數棘突的重要標誌。

胸椎（圖2－12）共有12塊，主要特徵是椎體側面和橫突上有光滑的關節面叫肋凹（即上肋凹、下肋凹和橫突肋凹）。

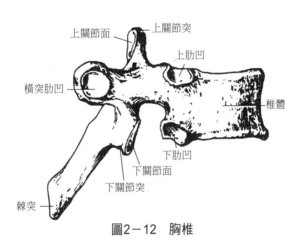

圖2－12 胸椎

腰椎（圖2－13）共有5塊，主要特徵是椎體大、棘突短、厚呈水平狀向後突出。

2.骶骨

兒童少年的骶骨由5塊骶椎組成，成人骶骨則成為1塊，呈倒三角形，前面光滑凹陷，有4條骶橫線和4對骶前孔，後面粗糙，有骶中嵴和骶後孔，上部兩側

有耳狀面，正中有骶管向上通椎管（圖2-14）。

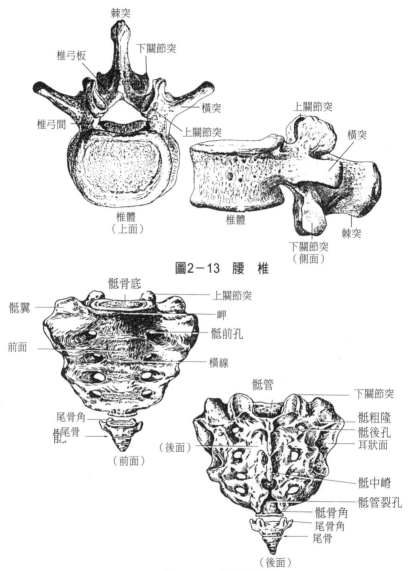

圖2-13　腰　椎

圖2-14　骶骨與尾骨

3.尾　骨

兒童少年的尾骨由4～5塊尾椎組成，成人尾骨為1塊。

（二）胸　骨

由胸骨柄、胸骨體和劍突三部分組成1塊胸骨。兩側有鎖切跡和7對肋切跡（圖2－15）。

（三）肋　骨

肋骨（圖2－16）共有12對，每條肋骨分為中部的體、前端和後端（包括肋頭、肋頸和肋結節三部分）。

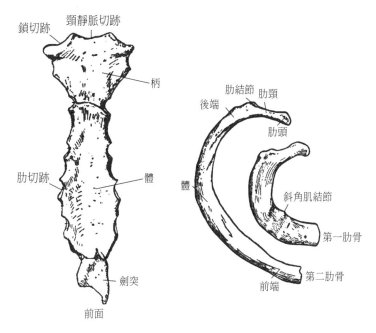

圖2－15　胸　骨（前面）　　　　圖2－16　肋　骨

二、軀幹骨的連結

軀幹骨之間的連結十分複雜,這裏著重介紹一般椎骨椎體間的連結、脊柱和胸廓的組成與運動。

(一) 一般椎骨椎體間的連結

一般椎骨椎體間借椎間盤和前、後縱韌帶相連結(圖2-17)。

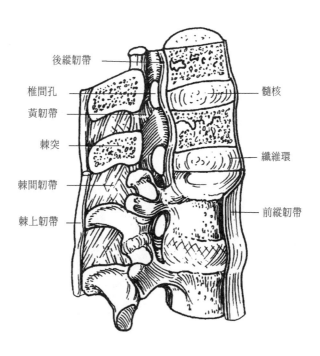

圖2-17　椎體間的連結

1. 椎間盤

自第二頸椎椎體下方向下直到第五腰椎椎體下方，均有椎間盤，共23個。椎間盤的大小與形狀同它所連結的椎體相一致，總的來說，從上往下逐漸加大。胸部的椎間盤最薄，腰部椎間盤最厚，所有椎間盤加起來的總厚度約相當於骶骨以上脊柱全長的四分之一。

每個椎間盤均由中部的髓核和周圍的纖維環（為纖維軟骨）兩部分組成。髓核是一種膠凍狀物質，具有伸縮性，受壓時可以變薄，當壓力解除後，又可恢復原狀，所以髓核具有緩衝功能。人在一天24小時內身高有2～3公分的變化，早上起床時身高最高，所以在進行人體測量時，要注意這一點。

2. 前、後縱韌帶

前縱韌帶位於椎體和椎間盤前方，從上至下，寬扁較厚，它的作用除了加固脊柱以外，還可防止脊柱過度伸。後縱韌帶位於椎體和椎間盤的後方（或者說位於椎管的前壁），較前縱韌帶細而弱，其作用除了加固脊柱外，還限制脊柱過度屈。

（二）脊柱的組成與運動

脊柱是由全部椎骨（包括骶骨和尾骨）、椎間盤和複雜的關節、韌帶組成（圖2－18）。脊柱是軀幹的中軸和支柱，是上、下肢運動的樞紐。正常的脊柱從前、後面觀察呈一直線。正常成人的脊柱，從側面觀察有頸前彎、胸後彎、腰前彎和骶後彎四個彎曲，這叫脊柱生理

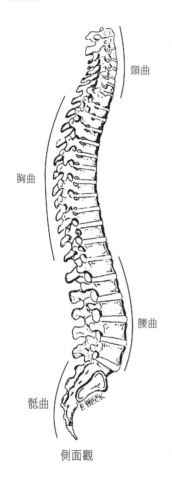

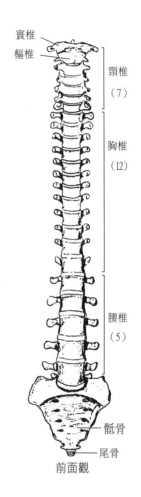

寰椎

樞椎

頸椎
（7）

胸椎
（12）

腰椎
（5）

骶骨

尾骨

頸曲

胸曲

腰曲

骶曲

E.BECK

側面觀

前面觀

圖2－18　脊　柱

彎曲。它的意義是：具有緩衝運動的震動作用；使人體
總重心位於人體的中軸，有利於平衡，也有利於迅速衝
破平衡，這對體育運動中，加快起動速度十分重要；這
些生理彎曲加大了胸、腹、盆腔，為內臟器官的生長發

育提供了良好的環境。

　　脊柱繞額狀軸做屈和伸的運動，繞矢狀軸做側屈，繞垂直軸做迴旋運動。此外繞中間軸可做環轉運動。

（三）胸廓的組成與運動

　　胸廓由12塊胸椎、12對肋、1塊胸骨、胸部的椎間盤和它們之間複雜的關節、韌帶組成（圖2－19）。

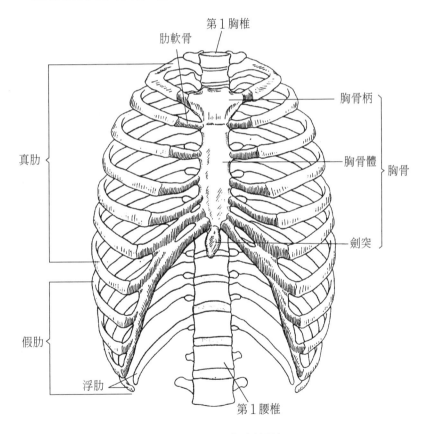

　　　　圖　2－19　胸廓（前面）

胸廓有上、下兩個口，下口被膈肌封閉。胸圍的大小是評定人體生長發育的重要指標之一，背面第八肋處胸圍最大，最大胸圍約為身高的一半。胸廓有矢狀徑、額狀徑（即橫徑）和垂直徑。人類胸廓的額狀徑大於矢狀徑。

胸廓的運動主要是進行呼吸，當三徑擴大時吸氣，反之則呼氣。

肋共有12對，每根肋均由後部的肋骨和前部的肋軟骨組成。上7對肋直接連於胸骨，故稱為真肋。第八、九、十3對肋借自己的肋軟骨連於上位肋軟骨，再連於胸骨，故稱為假肋，它們的肋軟骨形成的弓叫肋弓。最後兩對肋的前端游離，故稱浮肋。

肋骨後端與胸椎相連結，構成肋頭關節和肋橫突關節。

第四節　上肢骨及其連結

一、上肢骨

上肢骨包括上肢帶骨和自由上肢骨兩部分，共有64塊。

（一）上肢帶骨

上肢帶骨包括鎖骨和肩胛骨。

1. 鎖　骨

鎖骨（圖2－20）水平位於胸骨和肩胛骨之間，屬長骨，呈S形。內側端膨大叫胸骨端，外側端扁平叫肩峰端，中部為體。其內側半凸向前，外側半凸向後。

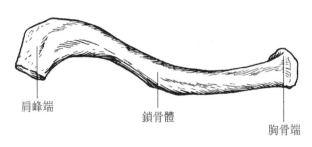

肩峰端　　　鎖骨體　　　胸骨端

圖2－20　鎖　骨

2. 肩胛骨

肩胛骨（圖2－21）是位於背部上外方（第二至第七肋間）呈倒三角形的扁骨。可分為三個角、三個緣和兩個面，即外側角、內側角和下角；上緣、內側緣和外側緣；前面和後面。

外側角膨大有梨形關節面叫關節盂，其上、下分別有盂上結節和盂下結節。下角是測量胸圍放置皮尺處。上緣外方有一指狀突起叫喙突。肩胛骨前面凹陷叫肩胛下窩。後面有一高起的肩胛岡，肩胛岡的最高點叫肩峰，是測量肩寬的骨點。肩胛岡上、下方的凹陷，分別叫岡上窩和岡下窩。

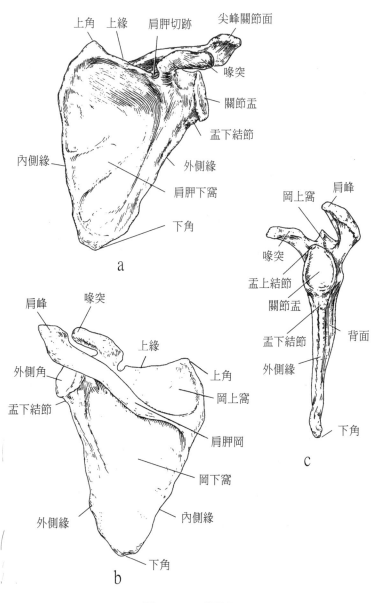

圖2-21　肩胛骨

（二） 自由上肢骨

自由上肢骨包括上臂骨（即肱骨）、前臂骨（即尺骨和橈骨）和手骨（即腕骨、掌骨和指骨）三部分，兩側共60塊，下面重點介紹肱骨、尺骨和橈骨。

1. 肱 骨

肱骨（圖2－22）位於上臂，為一典型長骨，可分為上端、體、下端三部分。上端內側呈球形的光滑面叫肱骨頭，外側的隆起叫大結節，前方的隆起叫小結節，兩結節向下延伸的嵴，分別叫大結節嵴和小結節嵴，其間的長溝叫結節間溝（其內有肱二頭肌長頭腱經過），肱骨頭向外的一圈凹陷叫解剖頸，上端與體交接處叫外科頸。

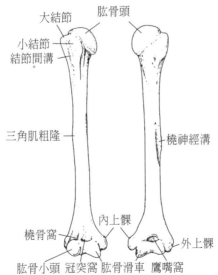

圖2－22　肱骨（前、後面）

肱骨體外側中上部粗糙處叫三角肌粗隆，其下方有一斜形的溝叫橈神經溝。

肱骨下端前後稍扁，自內向外有內上髁、肱骨滑車、肱骨小頭和外上髁。肱骨滑車前上方的窩叫冠突窩，其外側方有橈骨窩。後面的深窩叫鷹嘴窩。

2. 尺　骨

尺骨位於前臂內側，亦為長骨，分為上、下兩端和中部的體。上端前方有半月形凹陷叫滑車切跡，其上、下方各有突起，分別叫鷹嘴和冠突。滑車切跡外方有光滑凹陷叫橈切跡，冠突前下方粗糙骨面叫尺骨粗隆。尺骨下端較上端小叫尺骨頭，其內下方的突起叫尺骨莖突。

3. 橈　骨

橈骨是位於前臂外側的長骨，上小下大，分為上端、體和下端三部分。上端呈圓形叫橈骨頭，周緣光滑面叫環狀關節面，其上面的凹陷叫關節凹，橈骨頭下方較細為橈骨頸，其內下方的光滑面叫腕關節面，在外下方有一突起叫橈骨莖突（圖2－23）。

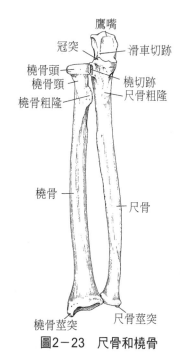

圖2－23　尺骨和橈骨

4.手 骨

手骨（圖2－24）由8塊腕骨、5塊掌骨和14塊指骨三部分組成。腕骨包括近側列的手舟骨、月骨、三角骨和豌豆骨，遠側列的大多角骨、小多角骨、頭狀骨和鉤骨。

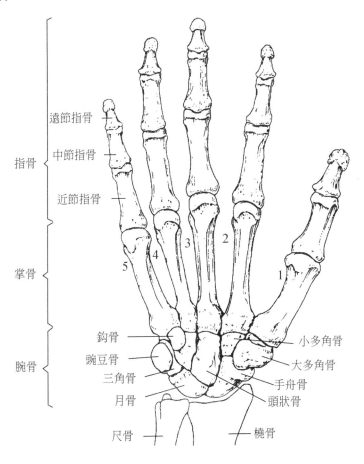

指骨 { 遠節指骨
中節指骨
近節指骨

掌骨

腕骨 { 鉤骨
豌豆骨
三角骨
月骨
尺骨

小多角骨
大多角骨
手舟骨
頭狀骨
橈骨

圖2－24 手 骨

掌骨均為長骨，由外向內依次為第一、第二、第三、第四和第五掌骨。

指骨除拇指為兩節外，其餘均為三節，共14塊。

二、上肢骨連結

（一）肩關節

肩關節（圖2－25）由肱骨頭和關節盂組成。在關節盂的周圍有盂唇，加大了關節面。但此關節的面積差

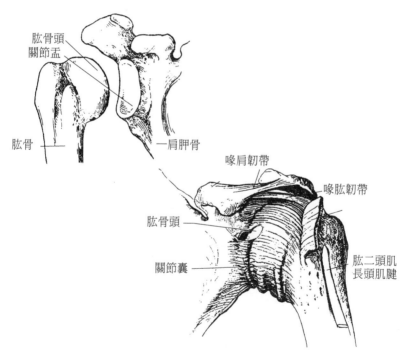

圖2－25　肩關節

大；關節囊薄而鬆弛，尤其前下方；加固關節的韌帶小而少，主要是喙肱韌帶和盂肱韌帶。肩關節呈球窩形，屬多軸關節，可以做屈、伸、外展與內收、內旋與外旋、環轉、水平屈和水平伸等運動。

（二）肘關節

肘關節（圖2－26）由肱骨遠端和橈、尺骨近側端的相應關節面組成。具體的是：肱骨滑車與滑車切跡組成肱尺關節；肱骨小頭與關節凹組成肱橈關節；橈切跡和環狀關節面組成橈尺近側關節。上述三個關節包在一個關節囊內，故肘關節為複關節。

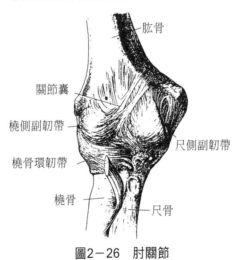

圖2－26　肘關節

肘關節囊前後鬆弛，兩側緊張；加固關節的韌帶有尺側副韌帶、橈側副韌帶和橈骨環狀韌帶三條。以上三條韌帶都要附著於尺骨，但都不附著於橈骨，所以橈骨

可以自由地轉動。

肱尺關節為滑車關節，肱橈關節為球窩關節，橈尺近側關節為車軸關節。肘關節的整體運動只要是屈和伸，其次在橈尺遠側關節的配合下，可做內旋和外旋運動。

（三）橈腕關節（腕關節）

橈腕關節（圖2-27）是由腕關節面和三角形關節盤組成關節窩（尺骨不參加），由近側列腕骨中的手舟骨、月骨和三角骨組成關節頭（豌豆骨不參加）。關節囊前後比兩側鬆弛；關節周圍均有韌帶加固（即橈腕掌側韌帶、橈腕背側韌帶、腕尺側副韌帶和腕橈側副韌帶）。關節的形狀為橢圓關節，屬雙軸關節。

橈腕關節可做屈和伸、外展和內收運動，此外還可做環轉運動。

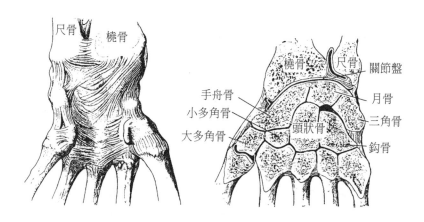

圖2-27　橈腕關節

第五節　下肢骨及其連結

一、下肢骨

下肢骨包括下肢帶骨和自由下肢骨兩部分，共有62塊。

（一）下肢帶骨

下肢帶骨即髖骨（圖2－28），為不規則骨。男16（女13）歲前由髂骨、坐骨和恥骨三部分組成，後來它們之間的軟骨逐漸骨化，因此上述三部分癒合成一塊骨，在癒合處外方有一深窩叫髖臼。

1. 髂　骨

髂骨位於髖臼中點上部，包括組成髖臼上部的髂骨體和上面寬闊的部分叫髂骨翼。髂骨翼上方骨緣粗糙叫髂嵴。兩側髂嵴之間最遠處為測量骨盆寬的骨點。髂嵴前方的突起叫髂前上棘，其下方的突起叫髂前下棘。髂嵴後方也有相應的髂後上棘和髂後下棘。

髂骨外面粗糙不平，內面前方光滑凹陷叫髂窩，其後方有一平面叫耳狀面。

2. 坐　骨

坐骨位於髖臼中點後下部。髖臼後下部叫坐骨體，

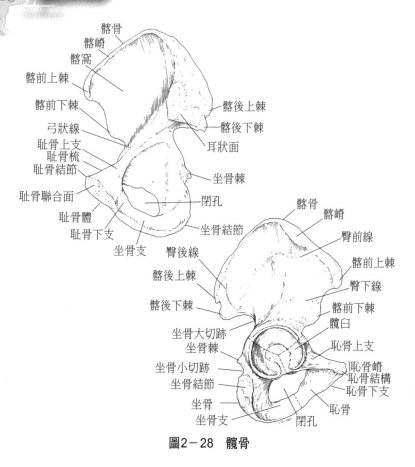

圖2－28　髖骨

向前彎曲部叫坐骨支。坐骨體後下部的粗糙骨面叫坐骨結節。

3. 恥　骨

恥骨位於髖臼中點前下部，髖臼的前下部叫恥骨體，向前延伸部分叫恥骨上支，再彎曲向後與坐骨支相接的部分叫恥骨下支。恥骨上支末端上方有一突起叫恥

骨結節，恥骨內側有一平面叫恥骨聯合面。恥骨與坐骨共同圍成的孔叫閉孔。

（三） 自由下肢骨

自由下肢骨包括大腿骨（即股骨和髕骨）、小腿骨（內側為脛骨，外側為腓骨）和足骨（跗骨、蹠骨和趾骨）三部分，共60塊。

1. 股　骨

股骨（圖2－29）位於大腿，是人體中最粗大的骨，可分為上端、體和下端三部分。股骨上端內側的球形結

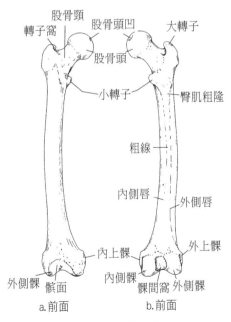

圖2－29　股　骨

構叫股骨頭，頭外下方處細小部分叫股骨頸，上外方有一大突起叫大轉子，其後下內方有一小突起叫小轉子，兩轉子前方粗糙線叫轉子間線，其後方高起部分叫轉子間嵴。

股骨體前方光滑，略向前彎曲，後方粗糙由上下方向的內側唇（由小轉子向下）和外側唇（由大轉子向下）組成股骨粗線，其上部粗糙的骨面叫臀肌粗隆。

股骨下端有兩個膨大，分別叫內側髁和外側髁，其前方光滑的面叫髕面，兩髁下面的光滑面叫內、外側髁關節面。

內側髁的內側和外側髁的外側均有小骨突，分別叫內上髁和外上髁。內、外側髁後方的窩叫髁間窩。

2. 髕 骨

髕骨（圖2－30）位於髕面前方，呈板栗狀，前面粗糙，後面光滑叫關節面，與股骨的髕面相關節。

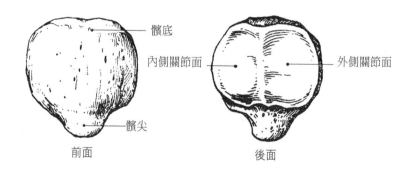

前面　髕底　髕尖　後面　內側關節面　外側關節面

圖2－30　髕 骨

3. 脛　骨

脛骨（圖2－31）是位於小腿內側的粗大長骨，分為上端、體和下端三部分。上端粗大，上方的突起叫髁間隆起，以此為界內側的膨大叫內側髁，外側的膨大叫外側髁。兩個側髁上方光滑的面叫脛骨上關節面，上端與體交界的前方有一突起叫脛骨粗隆。

脛骨體呈三棱形，因此有內、外、後三個面和前、內、外三個緣，其中前緣銳利。

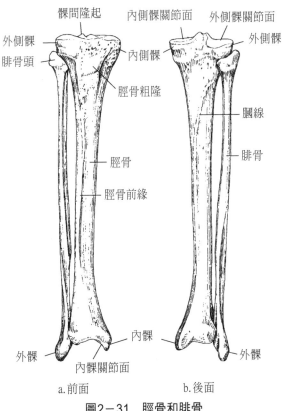

圖2－31　脛骨和腓骨

脛骨下面光滑叫脛骨下關節面，其內下方的突起叫內踝，內踝外方的光滑面叫內踝關節面。

4. 腓 骨

腓骨（參見圖2-31）是位於小腿外側的細長骨。它區分為上端（叫腓骨頭）、體和下端（叫外踝），外踝內側的光滑面叫外踝關節面。

5. 足 骨

一側足的跗骨共7塊，位於足後部，分別是距骨、跟骨、足舟骨、骰骨和1、2、3楔骨。在距骨上方有一前寬後窄的光滑面叫距骨滑車。跟骨是跗骨中最大的一塊，其後方粗糙的骨面叫跟結節。

一側足的蹠骨共有5塊，位於足的中部，由內向外依次是第一、二、三、四、五蹠骨，全是長骨。

一側足的趾骨共有14塊，除拇趾兩節外，其餘均為三節（圖2-32）。

二、下肢骨連結

下肢骨的連結內容較多，這裏重點介紹骨盆、髖關節、膝關節、踝關節和足弓五個部分。

（一）骨 盆

骨盆（圖2-33）是連結軀幹與自由下肢骨之間的一個完整骨環。它由左、右髖骨、骶骨、尾骨及它們之間

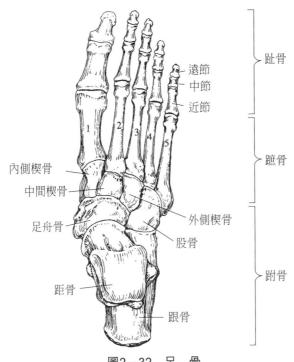

遠節
中節
近節

趾骨

內側楔骨
中間楔骨
足舟骨

外側楔骨
骰骨

距骨

跟骨

蹠骨

跗骨

圖2－32 足 骨

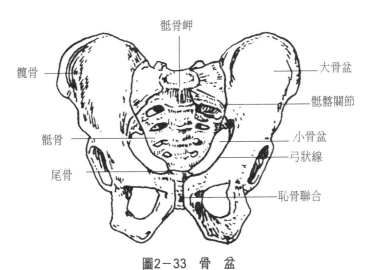

骶骨岬

髖骨

大骨盆

骶髂關節

骶骨

小骨盆

弓狀線

尾骨

恥骨聯合

圖2－33 骨 盆

123

一系列的關節和韌帶組成。骨盆分為大骨盆和小骨盆，以骶岬、弓狀線、恥骨梳、恥骨結節及恥骨聯合上緣的環線為界，上為大骨盆，下為小骨盆。

骨盆的整體形狀似拱形建築，具有節省材料，又能承受較大負荷的優越性。人體直立時的重力由腰椎、骶骨、髖臼傳至股骨頭形成「立弓」；人體坐位時的重力由骶骨、髖臼傳至坐骨結節，形成「坐弓」。

成年男女的骨盆有顯著的差異。其主要差異是，女性較男性骨盆低而寬，髂骨翼外翻，坐骨結節間距離大，恥骨角為鈍角（男成銳角），小骨盆呈圓筒狀（男呈漏斗狀）等。

骨盆的運動是整體運動，可做前傾、後傾、側傾和迴旋等運動。人體直立時，骨盆處於前傾位，人體坐位時，骨盆處於水平位。

在競走和跑步時，骨盆圍繞支撐腿髖關節積極向前運動，這就是常說的「送髖」，它的意義在於增大腿長（實質是增大步幅），提高運動成績（圖2－34）。

（二）髖關節

髖關節（圖2－35）由股骨頭和髖臼組成。髖臼周圍有髖臼唇，進一步加深關節窩，所以髖關節的面積差小；關節囊厚而緊張；加固關節的韌帶多而強，有髂股韌帶、恥股韌帶和坐股韌帶加固關節。因此髖關節很牢固，但靈活性差。髖關節為球窩形關節，其運動同肩關節，但幅度小。

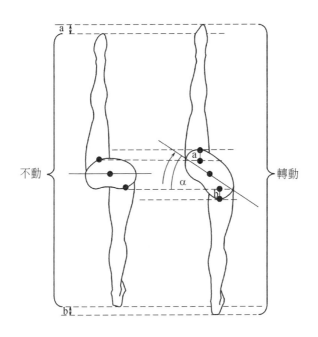

圖2－34　骨盆轉動的意義

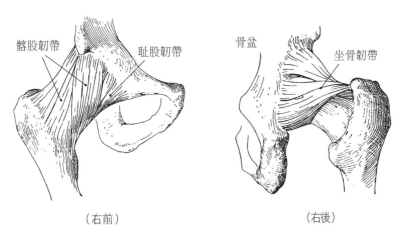

（右前）　　　　　　　　（右後）

圖2－35　髖關節

（三）膝關節

膝關節（圖2－36）由股骨內、外側髁關節面和脛骨上關節面、髕骨關節面組成，是人體中最複雜的關節。

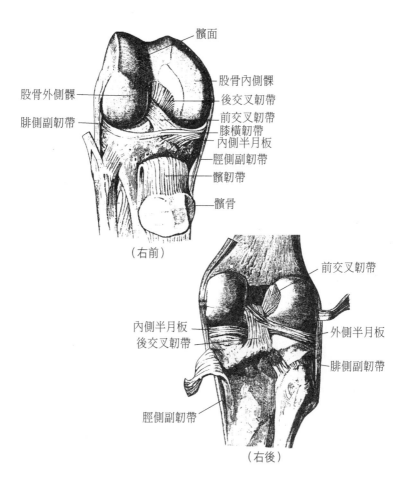

髕面

股骨外側髁

腓側副韌帶

股骨內側髁
後交叉韌帶
前交叉韌帶
膝橫韌帶
內側半月板
脛側副韌帶
髕韌帶
髕骨

（右前）

前交叉韌帶

內側半月板
後交叉韌帶

外側半月板

腓側副韌帶

脛側副韌帶

（右後）

圖2－36　膝關節

關節囊廣闊且前後鬆弛，兩側緊張；加固關節的韌帶多，有囊外韌帶（脛側副韌帶、腓側副韌帶、髕韌帶）與囊內韌帶（前交叉韌帶和後交叉韌帶，兩者合起來也叫十字韌帶）；關節內有內、外側半月板（由纖維軟骨組成）；還有滑膜襞（也叫脂肪墊）等輔助結構。

膝關節的形狀為滑車球窩關節（或滑車橢圓關節），都不典型。

它的基本運動是屈和伸，此外，在膝關節屈時，可做幅度不大的內旋與外旋運動。這裏必須強調的是，膝關節在任何情況下，都不能做外展和內收的運動，否則會引起側副韌帶拉傷。

（四）踝關節

踝關節（圖2－37）由脛骨下關節面及內、外踝關節面組成關節窩，距骨滑車為關節頭。關節囊的前後較兩側鬆弛；加固關節的韌帶多，內側有發達的三角韌帶，外側有距腓前、後韌帶和跟腓韌帶。踝關節的形狀屬於特殊的滑車關節（因為距骨滑車前寬後窄）。

踝關節的基本運動是屈和伸，當足屈時，可以做幅度不大的內翻（也叫內收或外旋）和外翻（也叫外展或內旋）運動。

在走、跑、跳的運動中，腳落到不平的地面時容易過度內翻拉傷距腓前韌帶（也叫崴腳）。

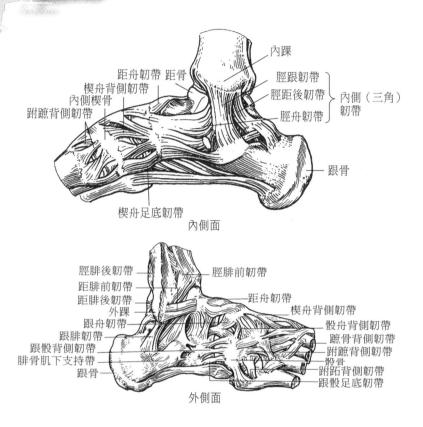

內踝

距舟韌帶　距骨

楔舟背側韌帶

內側楔骨

跗蹠背側韌帶

脛跟韌帶

脛距後韌帶

脛舟韌帶

內側（三角）韌帶

跟骨

楔舟足底韌帶

內側面

脛腓後韌帶

距腓前韌帶

距腓後韌帶

外踝

跟舟韌帶

跟腓韌帶

跟骰背側韌帶

腓骨肌下支持帶

跟骨

脛腓前韌帶

距舟韌帶

楔舟背側韌帶

骰舟背側韌帶

蹠骨背側韌帶

跗蹠背側韌帶

骰骨

跗距背側韌帶

跟骰足底韌帶

外側面

圖2-37　踝關節

（五）足　弓

　　足弓（圖2-38）是由7塊跗骨與5塊蹠骨組成，可分為內側縱弓（彈性足弓）、外側縱弓（支撐性足弓）和橫弓（由骰骨與3塊楔骨組成）。

　　足弓靠蹠長韌帶和蹠側的深層韌帶，及其脛骨前肌和腓骨長肌在腳底形成的肌腱袢來維持。

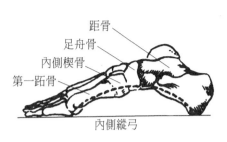

距骨
足舟骨
內側楔骨
第一距骨

內側縱弓

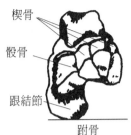

楔骨
骰骨
跟結節

跗骨

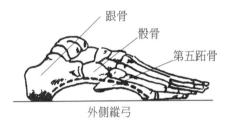

跟骨
骰骨
第五距骨

外側縱弓

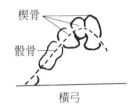

楔骨
骰骨

橫弓

圖2－38　足　弓

　　足弓具有彈性，當人體進行走、跑、跳、翻騰等運動時，足弓是最先緩衝震動的結構；對足弓下面的神經和血管有保護作用，使之不受壓迫，腳可以長時間地運動；有足弓的腳，三點著地，穩定性好，有利於人體的平衡。

　　透過印跡法測量足弓，發現有彈性足弓、正常足弓和扁平足（分為輕度、中度和重度）三種類型。對於扁平足又可分為兩種，一是解剖性扁平足，二是功能性扁平足。從外觀上看為扁平足，但走、跑、跳的功能很好，稱之為解剖性扁平足；從外觀上看也是扁平足，而且走、跑、跳的功能很差，則為功能性扁平足。

附三 顱骨簡介

顱骨由8塊腦顱骨和14塊面顱骨組成。腦顱骨中成對的有頂骨和顳骨，不成對的有枕骨、蝶骨、額骨和篩骨。面顱骨成對的有上頜骨、腭骨、顴骨、鼻骨、淚骨和下鼻甲骨，不成對的有犁骨和下頜骨（圖2-39）。

此外1塊舌骨和6塊聽小骨也歸屬顱骨，故顱骨總數為29塊。

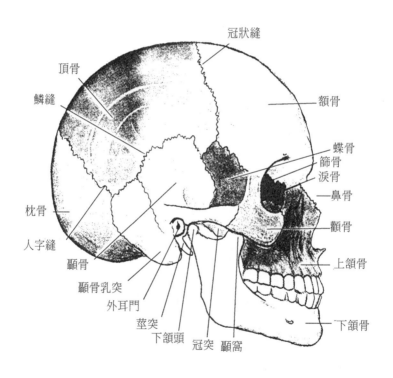

冠狀縫

頂骨

鱗縫

額骨

蝶骨
篩骨
淚骨

鼻骨

枕骨

顴骨

人字縫

顳骨

上頜骨

顳骨乳突

外耳門

莖突

下頜骨

下頜頭 冠突 顳窩

圖2-39 顱 骨

第六節　體育運動對骨與骨連結的影響

一、體育運動對骨的影響

　　人體長期堅持科學的體育鍛鍊和體力勞動，可以使骨密質增厚，骨面肌肉附著處突起明顯，骨小梁按骨承受的壓力和張力方向排列整齊和清晰。這是由於骨的血液循環得到改善，骨的新陳代謝得到加強，使骨的形態結構產生了良好的變化。骨變得更加粗壯和堅固，因此抗壓、抗拉、抗彎、抗折、抗扭轉和抗撞擊的性能都得到提高。

　　兒童少年時期，骨的新陳代謝更加旺盛。這個時期進行合理的體育運動和體力勞動，更能促進骨的生長發育。動物實驗證明，生長發育中的小白鼠在大負荷大強度訓練下，骨骼較細、較短，而且重量較輕。而在負荷較小、運動量較為合適的情況下訓練，骨的長度、粗度和重量都較對照組大。

　　不同的體育項目對人體各部分骨的影響也不相同。經常從事走、跑、跳等以下肢運動為主的運動員，對下肢骨的影響較上肢骨的大，如足球運動員第一蹠骨的骨密質增厚，芭蕾舞演員的第二、三蹠骨骨密質增厚，三級跳遠運動員第一、二、三蹠骨的骨密質明顯增厚。經常從事舉重和體操等以上肢運動為主的運動員，上肢骨變化明顯，骨密質增厚，如拳擊運動員的橈骨骨密質明

131

顯增厚。

在同一個人身上,體育運動對骨的影響也不一樣,如體操和游泳運動員,賽艇和皮艇運動員兩側骨的情況基本上相同。而投擲和擊劍運動員,則一側的上肢骨較另一側上肢骨發達。

當體育鍛鍊停止後,骨所獲得的這些良好變化,就會慢慢消退。因此體育鍛鍊應該經常化,鍛鍊的項目要盡可能多樣化。從事專項訓練的運動員,應該注意專項訓練與全面訓練相結合。

二、體育運動對關節的影響

總的來說,透過系統的體育鍛鍊,既可增強關節的穩固性,又可以提高關節的靈活性。

系統的體育鍛鍊可使關節骨密質增厚,從而承受較大的負荷。動物實驗證明,長期運動可使關節面軟骨增厚,短時間的運動可使關節面軟骨腫脹,但運動停止後腫脹消失。這種變化,25歲以下的年輕人比老年人的關節明顯。

經常參加體育運動增強了關節周圍肌肉的力量,肌腱和韌帶也得到了增強,關節面軟骨適當增厚,從而加大了關節的牢固性。同時,系統的體育訓練可以增強關節囊、肌腱和韌帶的伸展性,從而使關節運動幅度增大,進一步加大了關節的靈活性。因此,在進行力量練習的同時,還必須配合一些柔韌性練習,使力量素質和柔韌素質都得到相應的發展,這對提高運動成績是十分

有益的。

體育運動項目繁多，不同的運動項目對身體各關節的要求是不一致的。如游泳運動員的肩、肘、腕、踝關節運動幅度較一般人大，跳高和跨欄運動員的髖關節運動幅度大，藝術體操和花式滑冰運動員的脊柱運動幅度大，雜技演員在表演頂碗和咬花動作中，脊柱的屈伸幅度是驚人的。

復習與思考

（1）正常成人與兒童少年的骨各有多少？為什麼不相同？

（2）骨有哪些基本形狀？

（3）新鮮骨的構造怎樣？

（4）骨有哪些物理特性？它的化學成分怎樣？

（5）兒童少年的骨有何特點？體育運動中應注意些什麼？

（6）骨是怎樣長長和長粗的？

（7）什麼是骨化和骨齡？

（8）骨有哪些功能？

（9）試述軀幹骨、上肢骨和下肢骨的組成。

（10）肩胛骨、肱骨、尺骨、橈骨、髖骨、股骨、脛骨、腓骨和椎骨上有哪些主要骨性標誌？

（11）骨的連結形式分為哪些？

（12）試述關節的主要構造和輔助結構。

（13）試述關節的運動。

（14）關節怎樣分類？

（15）試述影響關節運動幅度大小的因素有哪些？

（16）試述六大關節（肩關節、肘關節、橈腕關節、髖關節、膝關節和踝關節）的組成、結構特點與運動。

（17）試比較肩關節與髖關節的相同點與不同點。

（18）試述椎體間的連結。

（19）椎間盤的構造怎樣？

（20）試述脊柱的組成與運動。

（21）試述胸廓的組成與運動。

（22）試述脊柱的生理彎曲與意義。

（23）試述骨盆的組成、分類、性別特點與運動。

（24）試述足弓的分類與意義。

（25）什麼是解剖性扁平足和功能性扁平足？

第三章　骨骼肌

學習要求

(1) 瞭解肌肉的數目與形狀。

(2) 弄清肌肉的主要結構與輔助結構。

(3) 明確肌肉的物理特性與配佈規律。

(4) 掌握研究肌肉機能的方法，重點是解剖學分析法。

(5) 熟悉肌肉的協作關係、工作性質與工作條件。

(6) 瞭解影響肌肉力量發揮的解剖學因素。

(7) 瞭解多關節肌在工作時所發生的「主動不足」和「被動不足」現象實質是什麼，怎樣克服上述兩種現象。

(8) 掌握運動上肢、下肢和軀幹的主要肌肉位置、形態、功能及鍛鍊方法（具體的肌肉是：斜方肌、前鋸肌、胸大肌、背闊肌、三角肌、肱二頭肌、肱肌、肱三頭肌、髂腰肌、臀大肌、大收肌、股四頭肌、半腱肌、半膜肌、小腿三頭肌、腹直肌、腹外斜肌、腹內斜肌、豎脊肌和膈肌等20塊肌肉）。

(9) 掌握發展肌肉力量與伸展性的基本原則與方法。

(10) 瞭解體育運動對骨骼肌的影響。

知識點與應用

人體中肌肉具有哪些形狀？總數共有多少？肌肉的主要結構和輔助結構怎樣？肌肉在人體中的配佈規律怎樣？肌肉有哪些物理特性？研究肌肉機能的解剖學分析法有哪些基本內容？熟悉肌肉的協作關係、工作性質。明確影響肌肉力量發揮的解剖學因素，多關節肌在工作時容易出現哪兩種不好的現象？怎樣去克服？掌握運動各關節（或環節）的主要肌肉位置、形態、功能和鍛鍊方法（練力量與伸展性）。經常從事體育運動對骨骼肌有哪些影響。

體重是反映人體骨骼、肌肉發育程度和營養狀況的基本指標，對評價人體生長發育和健康狀況有著重要意義。胸圍是反映胸廓的大小和胸部肌肉發育狀況的重要指標。此外還有皮褶厚度、上臂圍、前臂圍、大腿圍、小腿圍、臀圍、腰圍等各種圍度，直接反映了各個局部的發育程度和肌肉情況。

以上諸指標的測量，均按人體測量的要求進行。

對於肌肉來說，主要是兩個方面的鍛鍊，一是如何發展肌肉力量，二是如何發展肌肉的伸展性。

人體在運動中克服內部與外部阻力的能力，這應該是力量素質的真正內涵。透過科學地訓練，力量素質提高了，就會使人跑得快、跳得高、擲得遠、運動效率高。一個力量素質較好的人往往運動損傷發生少，這是因為力量訓練加強了關節的牢固性。

發展肌肉力量的方法很多，但最基本的方法是肌肉收縮抗阻力練力。這個阻力可以來自體外，也可以來自體

內。在練習時，肌肉起止點的動與靜主要有三種變化形式：一是肌肉止點向起點靠近，二是肌肉起點向止點靠近，三是肌肉起、止點互相靠近（相向運動中多見）。

　　此外，還有肌肉收縮的力量很大但肌肉起止點都固定不動時，人體往往維持某種身體姿勢不動（體操運動中較多見）。

　　以上只是定性的分析，而定量是一個難題，要因人、因項目不同而進行設計，這一點對教練員的要求較高。一個優秀的教練員決不死搬硬套，應該因人、因項目、因訓練目的而大膽嘗試和探索，要善於總結經驗和教訓，善於調整計畫，要勇於創新，更要善於創新。因此在這裏，就不具體列舉肌肉力量訓練的實例了。

　　關於肌肉伸展性訓練，是對肌肉進行訓練的又一個重要問題。任何專項運動都要求有一定的柔韌素質。柔韌素質的好壞直接影響肌肉的工作效果、動作技術的品質和運動損傷的預防。不同的運動專項對柔韌素質的要求也不一樣。如體操、武術和摔跤等運動項目對軀幹的柔韌素質要求較高，游泳和投擲運動員對肩關節的柔韌素質較高，短跑、跨欄運動對髖關節和踝關節的柔韌素質要求較高。

　　發展肌肉伸展性是提高柔韌素質的重要方面，它的基本原則是盡可能使肌肉的起、止點在動作過程中遠離。這方面的訓練千萬不能操之過急，一定要循序漸進，採用動、靜力性練習相結合，按照交替性原則，柔韌素質訓練與力量性訓練相結合，交替進行。

　　關於股後肌群（股二頭肌、半腱肌和半膜肌）的訓

練，常用正踢腿、正壓腿、縱劈腿、人體直立（伸膝）時體前屈等動作進行練習，效果較好。這僅僅是定性分析，至於定量又是一難題，需要教練員因人、因項目、因目的制訂出有針對性的計畫，同樣也要善於調整計畫，善於總結。

肩袖是由岡上肌、岡下肌、小圓肌和肩胛下肌的肌腱組成，肩袖也稱為「腱袖」，有人稱它為「旋轉袖」。上述任何一塊肌肉損傷，都稱為肩袖損傷。一旦肩袖損傷，則會出現損傷部位疼痛，而且功能受限，也就是不能進行正常運動。這在人體運動中常有發生。就一般人來說，好發年齡在50歲左右，因此稱為「五十肩」，如果功能受限很嚴重，則有人稱之為「凍結肩」。到了這種程度，不談運動訓練，就連正常生活自理都困難。因此，運動訓練和比賽之前必須把肩關節活動開，人到中、老年要經常活動肩，預防「肩周炎」的發生。

在擲標槍的最後用力時，上肢要做好鞭打動作。完成鞭打動作的主要肌肉是胸大肌和背闊肌，在平時訓練中，應對它們進行訓練，盡可能做一些與鞭打動作相似的動作。

股四頭肌是人體肌肉中體積最大的肌肉，它的四個頭除了股直肌參與屈大腿外，從整塊肌肉來說，主要功能是使膝關節伸。這塊肌肉力量很大，但是在運動實踐中，它的力量往往不能滿足需要。如不少人運動中得了「髕骨勞損」，表現出除了疼痛以外，就是跳不起來。這說明平時加強股四頭肌的力量練習很重要，事實上凡

是股四頭肌力量強的人，往往不會得「髕骨勞損」。經常採用立定跳遠、蛙跳、多級跨跳、後蹬跑、跳臺階、上坡跑、蹲槓鈴、縱跳摸高等練習可發展股四頭肌的力量。有不少的籃球隊在訓練或比賽結束之後還要求隊員進行站「馬步樁」練習，可以預防「髕骨勞損」。

第一節　骨骼肌概述

大部分骨骼肌都附著在骨骼上，它收縮產生力量拉動骨槓杆繞關節軸進行運動。骨骼肌是運動系統中的主要部分。全身共有400多塊肌肉，約占體重的40％（女性約占35％），四肢肌約占全身肌肉的80％，上、下肢肌分別占30％與50％。

一、肌肉的形狀

肌肉的形狀（圖3－1）多種多樣，可分為長肌、短肌、扁肌和輪匝肌等。長肌主要分佈於四肢，收縮時可引起肢體進行大幅度運動；短肌主要分佈於軀幹深層，能持久收縮；扁肌（也叫闊肌）主要分佈於胸腹壁，除運動功能外，還有保持臟器的作用；輪匝肌分佈於孔裂周圍，由環形肌纖維構成，收縮時使孔、裂閉合。

此外，還有斜方形、三角形、菱形、齒狀、梭形、羽狀（半羽肌、全羽肌和多羽肌）、二頭、三頭、四頭、二腹、多腹等不同形狀的肌肉，適應身體各部分的需要。

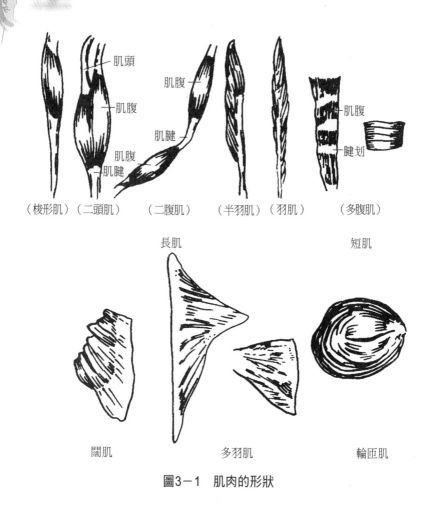

（梭形肌）（二頭肌）　　（二腹肌）　　（半羽肌）（羽肌）　　（多腹肌）

圖3-1　肌肉的形狀

二、肌肉的主要構造

每塊肌肉都是一個器官，都是由中部的肌腹、兩端的肌腱（或腱膜）、神經和血管構成（圖3-2）。

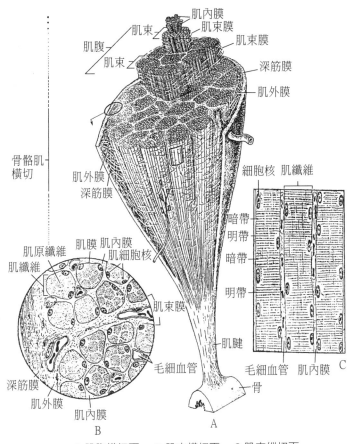

肌內膜
肌束膜
肌束膜
深筋膜
肌外膜
肌束
肌腹
肌束
骨骼肌
橫切
肌外膜
深筋膜
細胞核　肌纖維
暗帶
明帶
暗帶
明帶
肌腱
毛細血管　肌內膜　C
骨
毛細血管
肌原纖維　肌膜　肌內膜
肌纖維　肌細胞核
肌束膜
深筋膜
肌外膜
肌內膜
B
A

A.肌腹橫切面　　B.肌束橫切面　　C.肌束縱切面

圖3－2　肌肉的構造

　　肌腹主要由骨骼肌組成。每個肌細胞呈長絲狀，故
稱為肌纖維。由許多肌纖維組成小肌束，幾個小肌束
組成大肌束，它們外面都有結締組織膜包裹，叫肌束膜
（或肌內衣）。由幾個大肌束組成的肌腹，其外面也有

結締組織膜包裹，叫肌外膜（也叫肌外衣），肌腹內分佈有豐富的血管和神經。

肌腱（或腱膜）位於一塊肌肉的兩端，由緻密結締組織組成，一端與骨膜結合，另一端移行於肌束膜和肌外膜。肌腱主要由膠原纖維構成，所以抗張力能力較強。據實驗報導，成人的肌腱每平方公分的抗張力為611～1265公斤，而鬆弛的肌肉抗張力每平方公分只有5.44公斤。

三、肌肉的輔助結構

在肌肉周圍還有一些結構，它們保護肌肉並為其提供有利的力學條件，如筋膜、腱鞘、滑膜囊和籽骨等，都是肌肉的輔助結構。下面重點介紹筋膜和腱鞘。

（一）筋　膜

包在肌肉周圍的結締組織膜叫筋膜（圖3－3），分為淺筋膜（又叫皮下筋膜）和深筋膜（又叫固有筋膜）。淺筋膜直接位於皮膚深層，由疏鬆結締組織構成，其中含有脂肪、血管和神經等，對肌肉有保護作用。

深筋膜位於淺筋膜深層，由緻密結締組織構成，包裹全身的肌肉、血管和神經等。深筋膜可深入肌肉之間，構成肌間隔和肌鞘，分隔肌肉或肌群，有利於每塊肌肉或肌群單獨活動，互不干擾，保證動作的準確性；深筋膜作為部分肌肉或部分肌纖維的附著面，擴大了肌肉的附著面積，給肌肉收縮以穩固的支撐點，便於肌肉

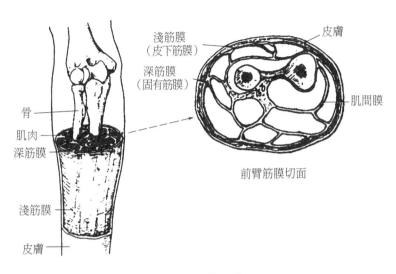

淺筋膜
（皮下筋膜）

深筋膜
（固有筋膜）

皮膚

骨

肌肉

深筋膜

淺筋膜

皮膚

肌間膜

前臂筋膜切面

圖3-3 筋 膜

收縮發揮力量；在病理情況下，深筋膜可以限制炎症的擴散，具有保護的功能。

（二）腱 鞘

腱鞘（圖3-4）是套在肌腱外面雙層封閉的筒狀結構，分佈在腕、手指、踝和足趾等處。腱鞘由外層（腱纖維鞘）和內層（腱滑膜鞘）組成，兩層之間有少量滑液，肌腱在腱鞘內可以自由滑動。腱鞘對肌腱具有固定、減少運動時腱與骨面之間的摩擦等功能。

滑膜囊是關節囊的滑膜層向關節外突出而成，多半存在於肌腱與骨面之間，內有少量滑液，可以減小運動時肌腱與骨面之間的摩擦。

籽骨通常由肌腱骨化而成，存在於肌腱止點與骨之

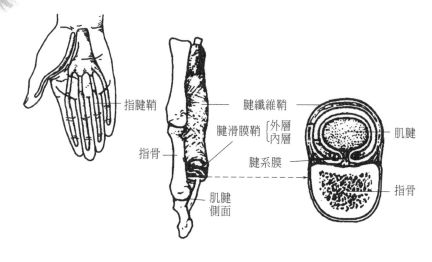

指腱鞘
指骨
肌腱側面

腱纖維鞘
腱滑膜鞘 { 外層 內層
腱系膜

肌腱
指骨

圖3－4　腱鞘

間，它可以改變肌腱的抵止角度，加大肌肉的力臂，為肌肉工作創造有利條件。人體中最大的籽骨是髕骨。

四、肌肉的物理特性

骨骼肌具有伸展性、彈性和黏滯性等物理特性。

（一）伸展性與彈性

骨骼肌具有伸展性和彈性。骨骼肌在外力作用下可以被拉長的特性稱為伸展性，當外力去掉之後，肌肉又恢復原來狀態的性質叫彈性。在體育運動中，應該加強肌肉伸展性與彈性的訓練，對增加關節的運動幅度和增強關節柔韌性、提高動作品質十分有利。

（二）黏滯性

骨骼肌的黏滯性，是肌肉內部膠狀物（原生質）所造成的，具體來說，是運動中肌纖維之間、肌肉之間、肌群之間摩擦力的外在表現。它的大小與溫度密切相關，溫度高時，肌肉黏滯性小，對運動有利。反之對運動不利。

因此，每次訓練或比賽之前要做好充分的準備活動，可以提高肌肉溫度，減小肌肉黏滯性，有利於提高運動成績和減少運動損傷的發生。

五、肌肉的配佈規律

肌肉在人體中的分佈是有規律的。從解剖學的觀點來看有以下規律：首先按關節運動軸對應分佈（服從對立統一的規律），有屈肌必有伸肌，有外展肌必有內收肌，有內旋肌必有外旋肌，只有這樣才能完成動作；上肢肌屈肌強於伸肌，分化程度高，上肢肌纖細靈巧；下肢和軀幹肌伸肌強於屈肌。在進行身體素質訓練時，應考慮以上的特點和規律。

六、研究肌肉機能的方法

首先說明研究肌肉機能的方法很多，如捫觸法（即摸的方法）、臨床觀察法、電刺激法、肌電圖法、解剖學分析法等，在這裏著重介紹解剖學分析法，因為這個

方法過去用了，現在正在用，將來還得用。這個方法掌握了，對肌肉的功能不必去記憶，只要把肌肉的位置、形態和起、止點弄清了，則肌肉的全部功能馬上就知道了。解剖學分析法要依據兩點：

第一，根據肌肉起、止點，動、定點，近固定、遠固定，上固定、下固定和無固定來分析。

肌肉的起、止點是世界公認的。決定肌肉的起點與止點一般有兩個原則。首先考慮肌肉兩端中哪一端靠近正中面，則這一端是起點，另一端為止點。如胸鎖乳突肌的起點在胸骨柄和胸骨端，止點在顳骨乳突。再就是看肌肉兩端中哪一端靠近頭頂側，則這一端就是起點，另一端就是止點。如三角肌的起點在肩胛岡、肩峰和鎖骨肩峰端，止點在三角肌粗隆。肌肉的起、止點在運動中不發生任何變化。

肌肉在工作中，它的起點與止點都在動，只是相對哪一點動得明顯，則這一點就是動點，另一端則稱為定點，肌肉的定點與動點在不同的動作中有不同的變化。如做前臂負重彎舉動作中，肱肌的起點是定點，止點是動點。但是在做引體向上動作中，肱肌的止點是定點，而起點變成了動點，因此，肌肉的動點與定點是可以變化的。

近固定，就是指肌肉在工作中起點固定不動。遠固定，是指肌肉在工作中止點固定不動。如做前臂負重彎舉時，肱肌是近固定。但在做引體向上動作時，肱肌是遠固定。

上固定，是指肌肉在工作中，上端不動叫上固定，

下端不動叫下固定，若兩端都在動則叫無固定。如做仰臥舉腿動作時，腹直肌是上固定；做仰臥起坐動作時，腹直肌是下固定；做仰臥兩頭起動作時，則為無固定。

以上所說的五種固定情況，都是肌肉的工作條件，近固定與遠固定適用於四肢肌（包括有的肌肉一端附著在四肢，另一端附著在頭頸和軀幹上）；上固定、下固定和無固定適用於頭頸和軀幹肌。肌肉工作的固定情況是肌肉工作的重要條件，因此，在訓練肌肉力量和伸展性時考慮這一點十分重要，因為它直接影響訓練效果。

第二，根據肌肉拉力線跨過關節運動軸的哪一側，來分析肌肉的功能。

因為肌肉的形狀多種多樣，很多時候是肌群（多塊肌肉）參加工作，因此必須明確什麼是肌肉拉力線？肌肉拉力線是肌肉合力作用線，它所表示的力量既有大小（通常線的長短表示），又有方向，並始終朝向肌肉的固定點（即定點），是一個向量。肌肉拉力線有時是彎的，但多半是直的。

當肌肉拉力線跨過關節額狀軸前方，肌肉收縮做屈的動作，反之做伸的動作（膝及其以下關節相反）。當肌肉拉力線跨過關節矢狀軸上方（或上外方），肌肉收縮做外展的動作，反之做內收的動作（適用於四肢肌），頭頸、軀幹同側的肌肉收縮，使頭頸或軀幹做側屈。當肌肉拉力線跨過關節垂直軸，若由前往外，則肌肉收縮做內旋動作，如三角肌的前部纖維收縮，使上臂內旋；若由後向外，則肌肉收縮做外旋動作，如三角肌的後部纖維收縮，則使上臂外旋。

以上適用於四肢肌，在頭頸和軀幹部則叫右迴旋或左迴旋。當肌肉拉力線與環節縱軸線平行時，則不能使環節迴旋，若使環節做迴旋動作，肌肉拉力線必須與環節縱軸線成角度（0°＜這個角度＜180°）。

七、肌肉的協作關係

人體運動的動作千姿百態，千變萬化。最簡單的動作完成也不可能由一塊肌肉來實現，總是由許多肌肉、肌群互相配合，在神經系統指揮與調節下去完成。

根據肌肉在運動中所起作用的不同，通常分為原動肌、主動肌、次動肌（副動肌）和對抗肌等。

（一）原動肌

直接完成某動作的肌肉（或肌群）叫原動肌。如前臂負重彎舉動作，肘關節屈，這時肱肌、肱二頭肌、肱橈肌和旋前圓肌就是這個動作的原動肌。

（二）主動肌和次動肌

在原動肌中，起主要作用的肌肉叫主動肌；起次要作用的肌肉叫次動肌。如前臂負重彎舉動作中，肱肌和肱二頭肌為主動肌；肱橈肌和旋前圓肌則為次動肌。

（三）對抗肌

與原動肌功能相反的肌肉叫對抗肌。如前臂負重彎舉動作中，肱三頭肌和肘肌為對抗肌。

八、肌肉的工作性質

就肌肉收縮牽引骨引起的機械運動來說，肌肉的工作性質分為動力性動作和靜力性動作兩大類，具體分為向心工作（也叫克制工作）、離心工作（也叫退讓工作）、支持工作、加固工作和固定工作五種。

人體或局部不斷地改變運動方向、速度和位置的動作稱為動力性動作，包括向心工作和離心工作兩種。在動力性動作中，肌肉收縮變短、變粗，這時肌力大於阻力，使運動環節朝向肌肉拉力方向運動，叫向心工作。如前臂負重彎舉時，肘關節的屈肌做向心工作。又如正踢腿動作，髖關節的屈肌做向心工作。

在動力性動作中，肌肉在被拉長的情況下收縮，肌力小於阻力，這時運動環節背向肌肉拉力方向進行緩慢運動，這時的肌肉工作稱為離心工作。如前臂負重彎舉之後，接著慢慢做肘關節伸的動作，這時肘關節的屈肌做離心工作。

人體（或局部）處於相對靜止狀態的動作，稱為靜力性動作，包括支持工作、加固工作和固定工作三種。在靜力性動作中，肌肉拉力矩和阻力矩相等，這時的肌肉做支持工作。如兩臂負重外展到側平舉位不動，這時肩關節的外展肌做支持工作。在靜力性動作中，運動環節在關節處企圖拉離，這時關節周圍的肌肉做加固工作。如單槓懸垂時，兩肘關節周圍的肌肉做加固工作。在靜力性動作中，運動環節在關節處互相靠緊，這時關

節周圍的肌肉做固定工作，如人體站立時，兩膝關節周圍的肌肉做固定工作。

九、影響肌肉力量發揮的解剖學因素

影響肌肉力量發揮的解剖學因素，主要是肌肉生理橫斷面的大小和肌肉初長度的長短。

（一）肌肉生理橫斷面

橫切整塊肌肉所有肌纖維斷面的總和叫肌肉生理橫斷面（圖3－5）。梭形肌的肌肉生理橫斷面與解剖橫斷面（整塊肌肉的橫斷面叫解剖橫斷面）相等，而羽狀肌的

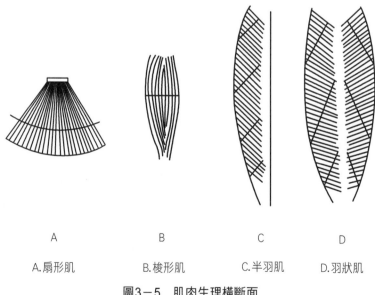

A	B	C	D
A.扇形肌	B.梭形肌	C.半羽肌	D.羽狀肌

圖3－5　肌肉生理橫斷面

肌肉生理橫斷面大於肌肉的解剖橫斷面。不管是什麼形狀的肌肉，只要體積相同，誰的生理橫斷面大，則力量大。經常參加體育鍛鍊，尤其側重力量練習的人，肌肉練得粗大、結實有力。如投擲運動員、摔跤運動員等很明顯。透過科學的鍛鍊不是使肌纖維數量的增加，而是使每根肌纖維增粗和品質的提高，所以肌肉力量增大。

（二）肌肉初長度

肌肉在收縮（工作）之前的長度，叫肌肉初長度。實驗證明最長和最短的肌肉初長度，肌肉收縮發力最小，只有適宜的初長度（或稱為最佳初長度），肌肉收縮產生的力量才最大。因此，體育運動中的一些投擲項目，必須做好身體超越器械動作，在最後用力時，器械才會被投得更遠，取得更好的成績。

十、多關節肌的工作特點

跨過一個關節的肌肉叫單關節肌，如胸大肌、三角肌等，因為它只跨過一個關節，所以一心一意地工作在這個關節，沒有什麼特點。

跨過兩個關節的肌肉叫雙關節肌，跨過三個或以上關節的肌肉叫多關節肌。在這裏把雙關節肌歸屬到多關節肌裏，因為肌肉跨過的關節多，工作就比較複雜，容易出現多關節肌主動不足，或多關節肌被動不足的現象，這兩種現象的出現，對完成體育動作都是不利的，影響運動成績，甚至會出現運動損傷。

（一） 多關節肌主動不足

多關節肌在工作中以原動肌的身份出現時，在一個關節處已充分發揮了力量，再不能很好作用於其他關節而表現出力量不足的現象，叫多關節肌主動不足。

它的實質是力量不足，若有此現象發生，在運動訓練中，應加強其力量練習。如手指的屈肌群是多關節肌，當用手指緊緊握住匕首接著做充分屈腕的動作時，原來被緊緊握住的匕首會鬆脫，這一現象就是手指屈肌發生了多關節肌主動不足。

（二） 多關節肌被動不足

多關節肌在工作中以對抗肌的身份出現時，由於它的長度（或伸展性）不夠而阻礙了運動環節的運動幅度，這一現象叫多關節肌被動不足。

實質是肌肉的長度（或伸展性）不足，因此在運動訓練中，應加強肌肉伸展性練習，以增大關節的運動幅度，保證動作順利完成。如屈小腿之後屈大腿很容易，可是在伸直小腿後再屈大腿就很難，這是因為大腿後方的肌肉（股二頭肌、半腱肌和半膜肌）發生了多關節肌被動不足。所以在運動訓練中，常用正踢腿、正壓腿、前擺腿等練習，發展股後肌群的伸展性。

由以上十個問題集中地介紹了肌肉的概述，下面把全身的肌肉（圖3－6、圖3－7）按上肢運動的肌肉、下肢運動的肌肉和軀幹運動的肌肉三部分進行介紹。

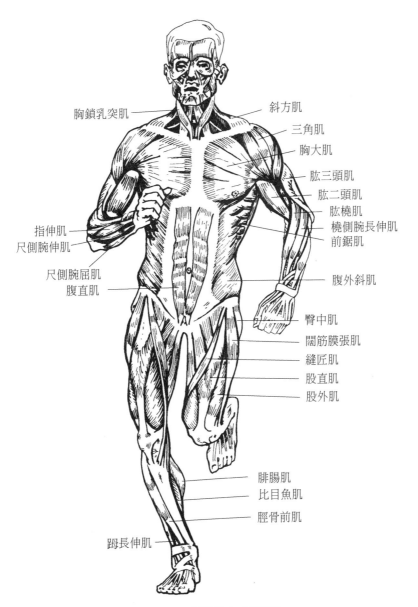

胸鎖乳突肌

斜方肌

三角肌

胸大肌

肱三頭肌

肱二頭肌

肱橈肌

橈側腕長伸肌

前鋸肌

指伸肌
尺側腕伸肌

尺側腕屈肌
腹直肌

腹外斜肌

臀中肌

闊筋膜張肌

縫匠肌

股直肌

股外肌

腓腸肌

比目魚肌

脛骨前肌

蹈長伸肌

圖3-6　人體肌肉（前面）

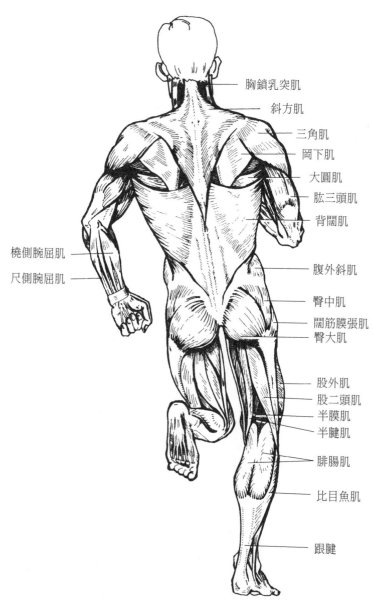

胸鎖乳突肌

斜方肌

三角肌

岡下肌

大圓肌

肱三頭肌

背闊肌

橈側腕屈肌

尺側腕屈肌

腹外斜肌

臀中肌

闊筋膜張肌

臀大肌

股外肌

股二頭肌

半膜肌

半腱肌

腓腸肌

比目魚肌

跟腱

圖3－7　人體肌肉（後面）

　　首先以關節運動為中心，按肌肉在運動中起作用的主、次順序，出現肌肉的名稱。然後介紹一些大塊肌肉的位置與形態、起點、止點和功能，並附上肌肉力量和伸展性的一些練習方法。

第二節　上肢運動的肌肉

　　上肢肌是人體運動器官中最靈活的部分。上肢運動的肌肉包括上肢帶運動的肌肉、肩關節運動的肌肉、肘關節運動的肌肉和腕關節運動的肌肉四部分，其中上肢帶運動是加大上肢運動幅度的重要因素。

一、上肢帶運動的肌肉

　　上肢帶包括鎖骨和肩胛骨。上肢帶運動是指它們的共同運動，肩胛骨運動的幅度較大，通常用肩胛骨的運動來代替上肢帶的運動，其運動形式共有6種。即肩胛骨上提、下降、前伸（外展）、後縮（內收）、上迴旋和下迴旋等。因此共有6組肌肉實現上述的6種運動。

　　肩胛骨在額狀面內向上的運動叫上提，向下的運動叫下降；肩胛骨遠離脊柱的運動叫前伸，靠近脊柱的運動叫後縮；肩胛骨下角遠離脊柱的運動叫上迴旋，靠近脊柱的運動叫下迴旋。

　　上肢帶運動的肌肉（參見圖3－6、圖3－7）主要有以下幾組。

　　肩胛骨上提的肌肉有：斜方肌上部、菱形肌和肩胛

提肌。

肩胛骨下降的肌肉有：斜方肌下部、前鋸肌和胸小肌。

肩胛骨前伸的肌肉有：前鋸肌和胸小肌。

肩胛骨後縮的肌肉有：斜方肌和菱形肌。

肩胛骨上迴旋的肌肉有：斜方肌上、下部和前鋸肌下部。

肩胛骨下迴旋的肌肉有：胸小肌、菱形肌和肩胛提肌。

二、肩關節運動的肌肉

肩關節運動的肌肉（圖3－8、圖3－9）主要有以下幾組。

肩關節屈的肌肉有：胸大肌、三角肌前部、肱二頭肌、喙肱肌。

肩關節伸的肌肉有：三角肌後部、肱三頭肌長頭、背闊肌、岡下肌、小圓肌和大圓肌。

肩關節外展的肌肉有：三角肌和岡上肌。

肩關節內收的肌肉有：肩胛下肌、胸大肌、背闊肌、岡下肌、小圓肌和大圓肌。

肩關節內旋的肌肉有：胸大肌、三角肌前部、背闊肌、大圓肌和肩胛下肌。

肩關節外旋的肌肉有：三角肌後部、岡下肌和小圓肌。

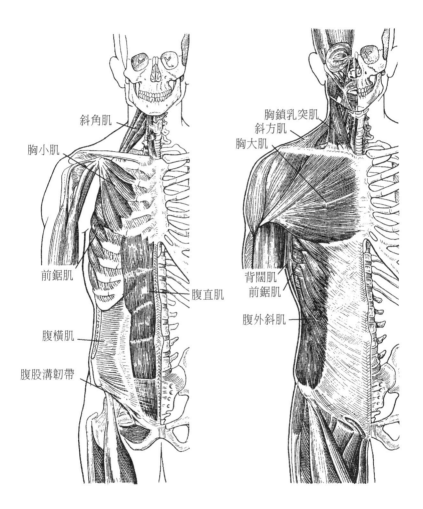

斜角肌

胸小肌

前鋸肌

腹橫肌

腹股溝韌帶

胸鎖乳突肌
斜方肌
胸大肌

背闊肌
前鋸肌

腹外斜肌

腹直肌

圖3－8　胸腹壁淺層肌

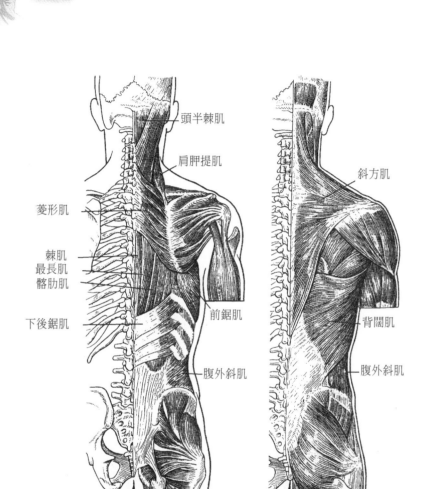

頭半棘肌

肩胛提肌

斜方肌

菱形肌

棘肌
最長肌
髂肋肌

前鋸肌

背闊肌

下後鋸肌

腹外斜肌

腹外斜肌

背深層肌

背淺層肌

圖3－9　背　肌

三、肘關節運動的肌肉

肘關節運動的肌肉（圖3－10、圖3－11）主要有以下幾組。

肘關節屈的肌肉有：肱肌、肱二頭肌、肱橈肌和旋前圓肌。

肘關節伸的肌肉有：肱三頭肌和肘肌。

前臂內旋的肌肉有：旋前圓肌和旋前方肌。

前臂外旋的肌肉有：旋後肌、當前臂內旋時還有肱二頭肌和肱橈肌。

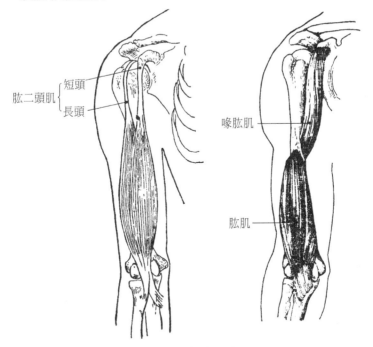

圖3－10　上臂前群肌

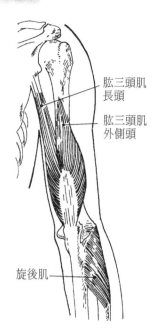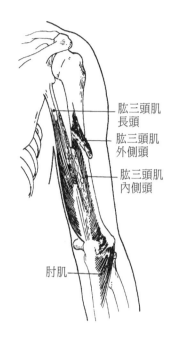

肱三頭肌
長頭

肱三頭肌
外側頭

肱三頭肌
長頭

肱三頭肌
外側頭

肱三頭肌
內側頭

旋後肌

肘肌

圖3－11　上臂後群肌

四、腕關節運動的肌肉

腕關節運動的肌肉（圖3－12、圖3－13）主要有以下幾組。

腕關節屈的肌肉有：橈側腕屈肌、掌長肌、指淺屈肌、尺側腕屈肌、拇長屈肌和指深屈肌。

腕關節伸的肌肉有：橈側腕長伸肌、橈側腕短伸肌、指伸肌、小指伸肌、尺側腕伸肌、拇長展肌、拇短伸肌、拇長伸肌和示指伸肌。

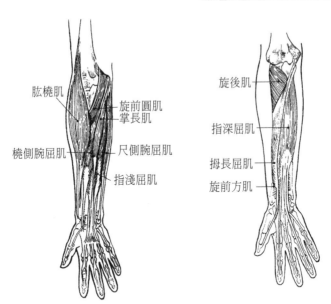

肱橈肌

旋前圓肌
掌長肌

橈側腕屈肌

尺側腕屈肌

指淺屈肌

旋後肌

指深屈肌

拇長屈肌

旋前方肌

圖3-12 前臂前群肌

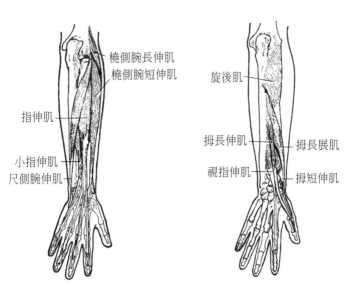

橈側腕長伸肌
橈側腕短伸肌

旋後肌

指伸肌

拇長伸肌

拇長展肌

小指伸肌

尺側腕伸肌

視指伸肌

拇短伸肌

圖3-13 前臂後群肌

腕關節外展的肌肉有：橈側腕屈肌、橈側腕長伸肌、橈側腕短伸肌、拇長展肌、拇長伸肌和拇短伸肌。

腕關節內收的肌肉有：尺側腕屈肌和尺側腕伸肌。

腕關節運動的肌肉很多，記憶有一定的難度，在體育動作的解剖學分析中，可以直接概括為：手的屈肌、手的伸肌、手的內收肌和手的外展肌。此處不再一一列出。

下面較詳細介紹幾塊大的肌肉。

· 斜方肌（參見圖3-9）

【位置與形態】斜方肌位於項部和背部皮下，一側呈三角形，兩側相合呈斜方形。

【起點】枕骨後面、項韌帶和全部胸椎棘突。

【止點】鎖骨外 1/3 處、肩峰和肩胛岡。

【功能】一側斜方肌近固定收縮，上部肌纖維使肩胛骨上提，中部肌纖維使肩胛骨後縮，下部肌纖維使肩胛骨下降，上、下部纖維同時收縮使肩胛骨上迴旋，整塊肌肉收縮使肩胛骨後縮。

兩側斜方肌遠固定時收縮，使頭頸、脊柱伸。因此在兒童少年時期，注重發展這塊肌肉的力量很重要，可以預防駝背。

【練習方法】採用擴胸運動、飛鳥展翅、提槓鈴聳肩和上舉重物等練習可以發展斜方肌的力量。

· 背闊肌（參見圖3-9）

【位置與形態】位於腰背部和胸部後外皮下，上部

被斜方肌遮蓋，屬扁肌，是人體中最闊的肌肉。

【起點】下位6個胸椎棘突、全部腰椎棘突、骶嵴和髂嵴後部。

【止點】肱骨小結節嵴。

【功能】近固定收縮時，使上臂伸、內收和內旋。在投擲運動中，它是完成鞭打動作的一塊重要肌肉。遠固定收縮時，牽拉軀幹向上，如引體向上的引體動作。

【練習方法】採用引體向上、爬竿（或爬繩）、划船和向後拉拉力器等練習，可以發展它的力量。採用扶牆壓肩、雙人壓肩和上臂後振（兩上臂同時或交替）等練習，可以發展它的伸展性。

· 胸大肌（參見圖3－8）

【位置與形態】位於胸前皮下，呈扇形。

【起點】鎖骨內側半、胸骨前側面、第一至第六肋軟骨和腹直肌鞘前壁。

【止點】肱骨大結節嵴。

【功能】近固定收縮時，使上臂屈、內收和內旋。遠固定收縮時，牽拉軀幹向上，如引體向上。在完成投擲的鞭打動作中，它也是一塊重要肌肉。

【練習方法】採用俯地挺身、臥推槓鈴、雙槓屈臂撐、引體向上、爬繩（或竿）等練習可以發展它的力量。

· 前鋸肌（圖3－14）

【位置與形態】位於胸廓外側面，肌束排成鋸齒狀

的扁肌。

【起點】以9～10個肌齒起於上位8～9個肋骨上
（第二肋骨有兩個肌齒）。

【止點】肩胛骨內側緣和下角前面。

【功能】近固定收縮時，使肩胛骨前伸，下部肌纖
維收縮時，協助上迴旋。

【練習方法】採用推鉛球、俯地挺身、沖拳等動作
可以發展它的力量。

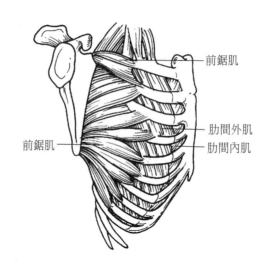

圖3－14　前鋸肌

·三角肌（圖3－15）

【位置與形態】位於肩上外部皮下，呈三角形。分
為前、中、後三部分，為羽狀肌。

【起點】前部肌束起自鎖骨外側前緣、中部肌束起

自肩峰、後部肌束起自肩胛岡。

【止點】三角肌粗隆。

【功能】近固定收縮時，前部肌纖維收縮使上臂屈、內旋與水平屈；中部肌纖維收縮使上臂外展；後部肌纖維收縮使上臂伸、外旋與水平伸；整塊肌肉同時收縮，使上臂外展。

【練習方法】採用負重臂側平舉或上舉、負重臂屈、伸等練習都可以發展它的力量。

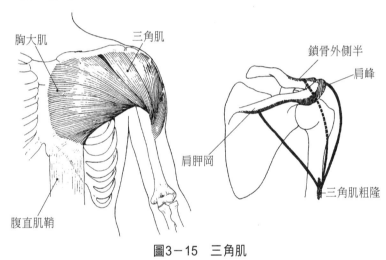

圖3－15　三角肌

· 肱二頭肌（圖3－16）

【位置與形態】位於上臂前面淺層，有長、短兩個頭，被三角肌和胸大肌遮蓋，肌腹呈梭形，為雙關節肌。

【起點】長頭起於盂上結節，短頭起於喙突。

【止點】止於橈骨粗隆和前臂筋膜。

【功能】近固定收縮時，使上臂和前臂屈，當前臂內旋時，使前臂外旋。遠固定收縮時，使肘關節屈。

【練習方法】採用引體向上、前臂負重彎舉、提拉槓鈴等練習，可以發展它的力量。

・肱　肌（圖3-17）

【位置與形態】位於肱二頭肌下半部深層，為羽狀肌。

【起點】肱骨下半段的前面。

【止點】尺骨粗隆和尺骨冠突。

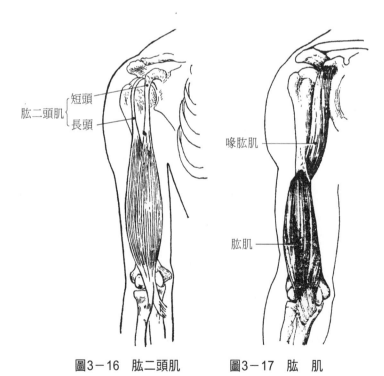

　　圖3-16　肱二頭肌　　　　圖3-17　肱　肌

【功能】在近、遠固定收縮時，都是屈肘關節。據研究，它的絕對力量比肱二頭肌的大。因此它是屈肘關節最主要的肌肉。

【練習方法】採用前臂負重彎舉、引體向上、爬繩（竿）、提拉槓鈴等練習發展它的力量。

· 肱三頭肌（圖3－18）

【位置與形態】位於肱骨後面，分為長頭（雙關節肌）、外側頭和內側頭（單關節肌）。

【起點】長頭起自盂下結節，外側頭起自橈神經溝以上的骨面，內側頭起自橈神經溝以下的骨面。

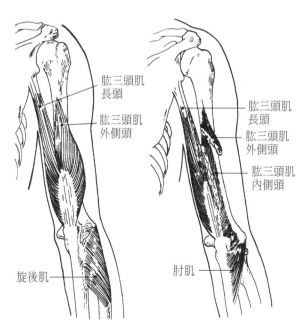

肱三頭肌長頭

肱三頭肌外側頭

旋後肌

肱三頭肌長頭

肱三頭肌外側頭

肱三頭肌內側頭

肘肌

圖3－18　肱三頭肌

【止點】三個頭合成一個肌腹，以一個肌腱止於鷹嘴。

【功能】近固定收縮時，長頭使上臂在肩關節處伸，整塊肌肉收縮使肘關節伸。

【練習方法】採用俯地挺身、推鉛球、臥推槓鈴、負重上舉和挺舉槓鈴等練習，可以發展它的力量。

第三節　下肢運動的肌肉

一、髖關節運動的肌肉

髖關節屈的肌肉有：髂腰肌、股直肌（是股四頭肌的一個頭）、縫匠肌、恥骨肌和闊筋膜張肌。

髖關節伸的肌肉有：臀大肌、大收肌、股二頭肌、半腱肌和半膜肌。

髖關節外展的肌肉有：臀大肌上部、臀中肌、臀小肌和梨狀肌。

髖關節內收的肌肉有：大收肌、臀大肌下部、長收肌、短收肌和股薄肌。

髖關節外旋的肌肉有：髂腰肌、臀大肌、梨狀肌和臀中、小肌後部。

髖關節內旋的肌肉有：臀中、小肌前部。

二、膝關節運動的肌肉

膝關節屈的肌肉有：腓腸肌、股二頭肌、半腱肌、半膜肌和縫匠肌。

膝關節伸的肌肉有：股四頭肌。

膝關節屈後內旋的肌肉有：半腱肌、半膜肌、縫匠肌和腓腸肌外側頭。

膝關節屈後外旋的肌肉有：腓腸肌內側頭和股二頭肌。

三、踝關節運動的肌肉

足屈的肌肉有：小腿三頭肌、踇長屈肌、趾長屈肌、脛骨後肌、腓骨長肌和腓骨短肌。

足伸的肌肉有：脛骨前肌、踇長伸肌和趾長伸肌。

足內翻（內收）的肌肉有：踇長屈肌、踇長伸肌、脛骨前肌和脛骨後肌。

足外翻（外展）的肌肉有：腓骨長肌和腓骨短肌。

此外，脛骨前肌和腓骨長肌的肌腱在腳底形成肌腱袢維持足弓。

參與維持人體直立的下肢肌肉有：臀大肌、股四頭肌和小腿三頭肌。

下肢肌肉中，重點介紹以下肌肉。

· 髂腰肌（圖3-19）

【位置與形態】位於脊柱腰段兩側的髂窩內，由腰

大肌和髂肌組成，為羽狀肌。

【起點】腰大肌起於第十二胸椎和5個腰椎體側面，髂肌起於髂窩。

【止點】止於小轉子。

【功能】近固定收縮時，使大腿屈和外旋。遠固定收縮時，使軀幹向同側屈（兩側同時收縮使脊柱屈和骨盆前傾）。

【練習方法】採用仰臥起坐、仰臥舉腿、懸垂舉腿、高抬腿跑和仰臥兩頭起等練習可以發展它的力量。

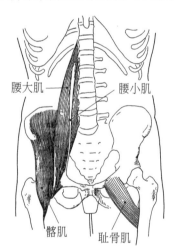

腰大肌　　腰小肌

髂肌　　恥骨肌

圖3－19　髂腰肌

· 臀大肌（圖3－20）

【位置與形態】位於臀部淺層，為四方形扁肌。肌纖維束平行排列，分為上、下兩部分。

【起點】髂骨翼後上外部、骶骨和尾骨後面。

【止點】臀肌粗隆。

【功能】近固定收縮時，使大腿在髖關節處伸、外旋；上部肌纖維收縮使大腿外展、下部肌纖維收縮使大腿內收。遠固定時，一側肌肉收縮使骨盆向對側迴旋，兩側肌肉收縮使骨盆後傾，維持人體直立和脊柱伸。

【練習方法】採用俯臥兩腿（或交替）上舉、後蹬跑、蛙跳、上坡跑、立定跳遠等練習，可以發展它的力量。採用正踢腿、正壓腿、直腿體前屈等練習，可以發展它的伸展性。

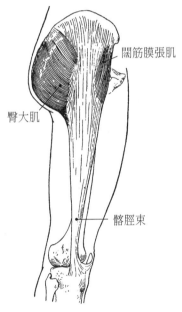

闊筋膜張肌

臀大肌

髂脛束

圖3-20　臀大肌

·大收肌（圖3-21）

【位置與形態】位於大腿內側深層，為最大的內收

肌，呈三角形。

【起點】坐骨結節、坐骨支和恥骨下支。

【止點】股骨粗線內側唇上 2/3 處和股骨的收肌結節。

【功能】近固定收縮時，使大腿在關節處內收和伸。遠固定時，兩側肌肉收縮使骨盆後傾。

【練習方法】採用後蹬跑、縱跳摸高、跨欄跑等練習發展它的力量。

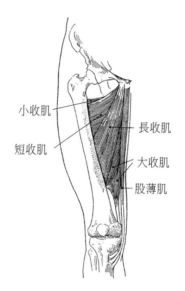

小收肌
短收肌
長收肌
大收肌
股薄肌

圖3-21　大收肌

・股二頭肌（圖3-22）

【位置與形態】位於大腿後外側，有長、短兩個頭，呈梭形。

【起點】長頭起於坐骨結節，短頭起於股骨粗線外

側唇下1/2處。

【止點】共同止於腓骨頭。

【功能】近固定時，長頭收縮使大腿伸，整塊肌肉收縮使小腿屈和外旋；遠固定收縮使骨盆後傾。

【練習方法】採用後蹬跑、上坡跑、蛙跳、立定跳遠、縱跳等練習可以發展股後肌群的力量（股二頭肌、半腱肌與半膜肌合稱為股後肌群，也稱股三弦肌或膕繩肌）。採用正踢腿、正壓腿、前擺腿、直腿體前屈和仰臥兩頭起等練習，可以發展股後肌群的伸展性。

股後肌群在體育運動中，易發生多關節肌被動不足現象，因此在體育運動中練習它們的伸展性，對各個運動項目都很重要。

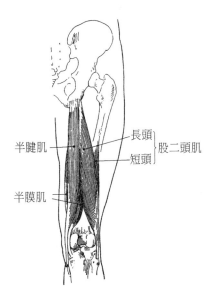

圖3-22　股二頭肌、半腱肌和半膜肌

·半腱肌與半膜肌（參見圖3－22）

【位置與形態】半腱肌位於大腿後內側淺層，肌腱細而長（約占全肌的一半），故稱半腱肌。半膜肌位於半腱肌的深層，其腱膜占全肌一半，故稱半膜肌。它們均為羽狀肌。

【起點】坐骨結節。

【止點】半腱肌止於脛骨粗隆內側，半膜肌止於脛骨內側髁偏後。

【功能】近固定收縮時，使大腿伸、小腿屈和內旋；遠固定收縮時，使骨盆後傾。

【練習方法】同股二頭肌。

·股四頭肌（圖3－23）

【位置與形態】位於大腿前面，是人體中體積最大的肌肉。它共有四個頭（股直肌、股中肌、股內側肌和股外側肌）。股直肌位於大腿前面皮下，股中肌位於股直肌深層，股內側肌位於大腿前內側，股外側肌位於大腿前外側。四個頭均為羽狀肌，其中股直肌為雙關節肌，其他為單關節肌。

【起點】股直肌起於髂前下棘，股中肌起於股骨體前面，股內側肌起於股骨粗線內側唇，股外側肌起於股骨粗線外側唇。

【止點】四個頭合為一腱，包繞在髕骨前面和兩側，繼續向下形成髕韌帶，止於脛骨粗隆。

【功能】近固定時，股直肌收縮使大腿在髖關節處屈，整塊肌肉收縮使膝關節伸。遠固定收縮時，使膝關

節伸和維持人體直立。

　　【練習方法】採用蛙跳、多級縱跳、跳臺階、上坡跑、壺鈴蹲跳、負重深（半）蹲和縱跳等練習發展它的力量。採用跪撐後倒、俯臥屈膝（助手幫忙壓小腿）等練習發展它的伸展性。

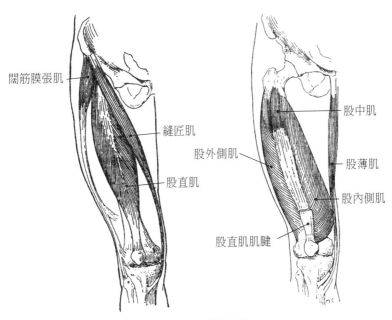

闊筋膜張肌

縫匠肌

股直肌

股中肌

股外側肌

股薄肌

股內側肌

股直肌肌腱

圖3－23　股四頭肌

　・小腿三頭肌（圖3－24）

　　【位置與形態】位於小腿後部的隆起，為淺層肌，有三個頭（腓腸肌內、外側頭和比目魚肌）。腓腸肌為雙關節肌，比目魚肌為單關節肌（屬羽狀肌）。

　　【起點】腓腸肌內、外側頭分別起於股骨內、外側

髁，比目魚肌起於脛、腓骨後上部。

【止點】三個頭向下合成粗大的肌腹，再向下移行於跟腱，止於跟結節。

【功能】近固定收縮時，使小腿和足屈。遠固定收縮時，維持人體直立。

【練習方法】採用提踵、後蹬跑、上坡跑、蛙跳、縱跳等練習，可以發展它的力量。採用勾腳尖、正壓腿和腳過度伸等練習，可以發展它的伸展性。

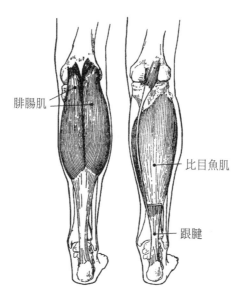

腓腸肌

比目魚肌

跟腱

圖3－24　小腿三頭肌

・跟長屈肌（圖3－25）

【位置與形態】位於小腿三頭肌深層後外側，為羽狀肌。

【起點】腓骨後內下半部。

【止點】蹈趾末節底部。

【功能】近固定收縮時，使足屈和內翻，使趾屈。

【練習方法】採用立定跳遠、蛙跳、縱跳和上坡跑等練習，可以發展它的力量。

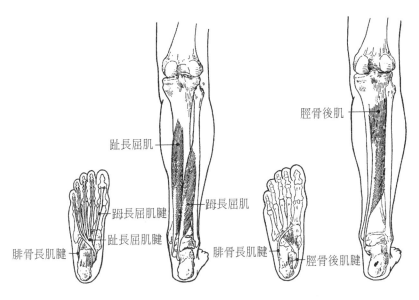

圖3－25 小腿後部深層肌

· 趾長屈肌（參見圖3－25）

【位置與形態】位於小腿後部內側深層，為羽狀肌。

【起點】脛骨後面中部。

【止點】向下經內踝後方至足底，以4條腱止於2～5趾末節趾骨底。

【功能】近固定收縮時，使足和2～5趾屈。

【練習方法】同長屈肌的練習方法。

·脛骨後肌（參見圖3-25）

【位置與形態】位於踇長屈肌和趾長屈肌之間，為羽狀肌。

【起點】起於脛、腓骨後面和小腿骨間膜。

【止點】止於足舟骨和全部楔骨。

【功能】近固定收縮時，使足屈和內翻。遠固定收縮時，使踝關節屈。

【練習方法】與踇長屈肌相同。

·腓骨長肌（圖3-26）

【位置與形態】位於小腿外側淺層，為羽狀肌。

【起點】腓骨體外上1/2處。

【止點】向下經外踝向足底，止於第一蹠骨底和第一楔骨。

【功能】近固定收縮時，使足屈和外翻，並維持足弓。

·腓骨短肌（參見圖3-26）

【位置與形態】位於腓骨長肌深層，為羽狀肌。

【起點】起於腓骨體外下1/2處。

【止點】向下經外踝後方，止於第五蹠骨底。

【功能】近固定收縮時，使足屈和外翻。

·脛骨前肌（圖3-27）

【位置與形態】位於脛骨前緣外側，為三角形長肌。

【起點】起於脛骨體外側面。

【止點】止於第一楔骨和第一蹠骨底。與腓骨長肌的肌腱形成腱袢。

【功能】近固定收縮時，使足伸和內翻，並維持足弓。

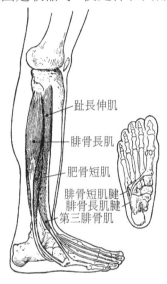

圖3-26　小腿外側肌群（右）

· 趾長伸肌（參見圖3-27）

【位置與形態】位於脛骨前肌外側，為羽狀肌。

【起點】起於腓骨前面。

【止點】止於2～5趾的中節和遠節趾骨底。

【功能】近固定收縮時，使足伸和2～5趾伸。

· 踇長伸肌（參見圖3-27）

【位置與形態】位於脛骨前肌和趾長伸肌之間。

【起點】起於腓骨前面和小腿骨間膜。

【止點】經內踝前方，止於跖遠節趾骨底。

【功能】近固定收縮時，使足伸和內翻，跗趾伸。

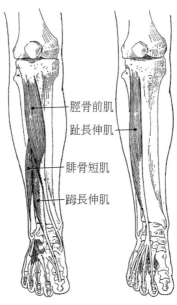

圖3－27　小腿前肌群

第四節　軀幹運動的肌肉

本節主要介紹脊柱運動的肌肉、呼吸運動的肌肉和維持腹壓的肌肉三部分。

一、脊柱運動的肌肉

脊柱屈的肌肉有：胸鎖乳突肌、腹直肌、腹外斜

肌、腹內斜肌和髂腰肌。

脊柱伸的肌肉有：胸鎖乳突肌、斜方肌、豎脊肌和臀大肌。

脊柱側屈的肌肉有：位於脊柱矢狀軸同側的屈肌和伸肌。

脊柱迴旋的肌肉有：同側的腹內斜肌和對側的腹外斜肌等。

二、呼吸運動的肌肉

固有呼吸肌（指主要進行呼吸的肌肉）有：膈肌、肋間外肌和肋間內肌。

輔助呼吸肌（指主要運動肢體，但兼有呼吸功能的肌肉）有：凡是起止於胸廓的肌肉都有輔助吸氣或呼氣的功能。如胸鎖乳突肌為助吸氣肌，腹直肌等有助於呼氣的功能，為助呼氣肌。

三、腹壓肌

腹壓肌是指維持腹壓的諸肌。包括：膈肌、腹直肌、腹外斜肌、腹內斜肌、腹橫肌、腰方肌和會陰肌。

下面主要介紹以下幾塊肌肉。

·胸鎖乳突肌（圖3－28）
【位置與形態】位於頸部兩側皮下，呈扁條柱狀，從胸廓上口正中向外上方斜行。

【起點】起於胸骨柄前和鎖骨胸骨端。

【止點】顳骨乳突。

【功能】下固定時，兩側收縮使頭屈（低頭），一側收縮使頭向同側屈和向對側迴旋。上固定收縮時，拉胸廓向上助吸氣。當頭的重心垂線過了環枕關節額狀軸的後方時，下固定兩側收縮使頭伸（仰頭）。

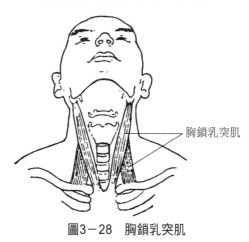

胸鎖乳突肌

圖3－28　胸鎖乳突肌

· 腹直肌（圖3－29）

【位置與形態】位於腹前壁白線兩側皮下，呈上寬下窄的扁平狀的多腹肌。肌的表面可見3～4條橫行由緻密結締組織組成的腱劃。兩側腹直肌均由腹直肌鞘包裹，腹直肌鞘可防止腹直肌收縮時移位，腹直肌前方的腱劃與腹直肌鞘前壁相連。腹直肌後方腱劃不明顯，也沒有與腹直肌鞘後壁相連。

【起點】起於恥骨上緣。

【止點】止於5～7肋軟骨和胸骨劍突。

【功能】兩側上固定收縮時，使骨盆後傾，如懸垂舉腿動作。下固定兩側收縮時，使脊柱前屈，如做體前屈動作；一側收縮時，使脊柱向同側屈。

【練習方法】採用仰臥起坐、仰臥舉腿、仰臥兩頭起、懸垂舉腿等練習發展它的力量。採用向後下腰、體操「橋」、俯臥兩頭起等練習，可以發展它的伸展性。

·腹外斜肌（參見圖3－29）

【位置與形態】位於腹前壁外側皮下，為寬闊的扁肌。肌纖維由外上斜向內下，左右的腹外斜肌呈「V」形。

【起點】起於下位8個肋骨的外面。

【止點】主要止於白線。

【功能】上固定兩側收縮時，使骨盆後傾，如肋木懸垂舉腿。下固定兩側收縮時，使腰段脊柱屈；一側收縮時，使脊柱向對側迴旋和助呼氣。

【練習方法】除了採用腹直肌的練習方法外，還可採用負重轉體等練習發展它的力量。

·腹內斜肌（參見圖3－29）

【位置與形態】位於腹外斜肌深層，為寬闊扁肌。肌纖維由後外下向前內上斜行，兩側腹內斜肌呈「ㄑ」形。兩側腹內、外斜肌拉力線平行（或理解為一致），因此在轉體動作中，協調一致用力完成迴旋動作。

【起點】胸腰筋膜、髂嵴和腹股溝韌帶外1/2處。

【止點】下位3個肋骨外面和腹白線。

【功能】上、下固定收縮時的功能與腹直肌和腹外

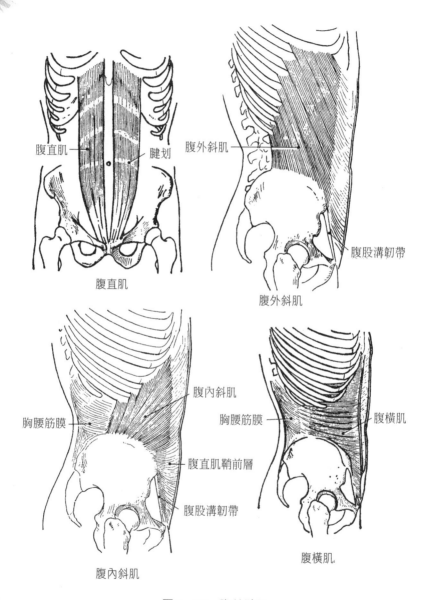

腹直肌　　　　腱划

腹直肌

腹外斜肌

腹股溝韌帶

腹外斜肌

腹內斜肌

胸腰筋膜

腹直肌鞘前層

腹股溝韌帶

腹內斜肌

胸腰筋膜　　　　腹橫肌

腹橫肌

圖3－29　腹前壁肌

斜肌相同，但在下固定一側收縮時，使脊柱向同側迴旋和屈。

【練習方法】基本上與腹直肌和腹外斜肌相同。

·腹橫肌（參見圖3－29）

【位置與形態】位於腹前壁最深層，為扁闊肌。腹壁肌肉的排列方式是，外為腹外斜肌，中為腹內斜肌，內為腹橫肌。

【起點】下位6個肋骨內面、胸腰筋膜、髂嵴和腹股溝韌帶外1/3處。

【止點】止於白線。

【功能】腹直肌收縮時，加大腹內壓，主要參與維持腹內壓。

·豎脊肌（圖3－30）

【位置與形態】位於背部脊柱兩側的強大伸肌，充填於全部棘突和橫突之間的槽溝內，上窄下寬，又名骶棘肌。豎脊肌由內向外分為棘肌（內側）、最長肌（中部）、髂肋肌（外側）三部分。

【起點】十分複雜，由下而上起於骶骨背面、髂嵴後部、腰椎棘突和胸腰筋膜。

【止點】止於頸、胸椎棘突、橫突、顳骨乳突和肋角。

【功能】豎脊肌在上、下或無固定情況下收縮，都使脊柱伸。它是脊柱的強大伸肌，並參與維持人體直立，一側收縮時，使脊柱向同側屈。

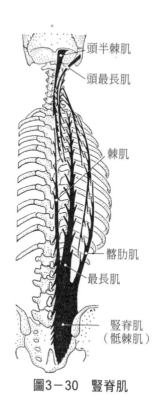

頭半棘肌

頭最長肌

棘肌

髂肋肌

最長肌

豎脊肌
（骶棘肌）

圖3－30　豎脊肌

【練習方法】採用俯臥兩頭起、俯臥兩腿上振、負重體屈伸、向後拋鉛球（或實心球）等練習發展它的力量。採用仰臥兩頭起和直腿體前屈兩手觸地等練習，可以發展它的伸展性。

·腰方肌（圖3－31）

【位置與形態】位於脊柱兩側第十二肋和髂嵴之間，組成腹後壁，呈不規則四方形扁肌。

【起點】起於髂嵴後部第二至五腰椎橫突。

【止點】止於第十二肋骨、第十二胸椎體和第一至四腰椎橫突。

【功能】當兩側下固定收縮時，使脊柱腰段伸，同側收縮時，使脊柱向同側屈，並參與維持腹壓。

·膈　肌（參見圖3-31）

膈肌亦稱膈，俗稱橫膈膜，以此分隔胸腔（上部）和腹腔（下部）。

【位置與形態】位於胸腹之間，既是胸腔的底，又是腹腔的頂。為穹隆形扁肌。膈肌上有3個裂孔，即食管裂孔、主動脈裂孔和腔靜脈孔，分別為食管和主動脈下行、下腔靜脈上行所經過的裂孔。

【起點】前部起於胸骨劍突後面，兩側起於下位6對肋骨內面，後部起於上3個腰椎體前面。膈的四周為肌性部分，中央為腱膜部分，名為中心腱。

【止點】中心腱。

【功能】膈肌收縮時，穹隆狀的中心腱下降，胸腔容積增大，胸內壓減小，有利於吸氣；膈肌放鬆時，中心腱上升，胸腔容積減小，胸內壓增大，有利於呼氣。

此外膈肌有節律地收縮與放鬆，對胃、腸、肝等器官有按摩作用，並參與維持腹內壓。

【練習方法】除了正常的呼吸運動以外，還應該每天進行有意識的深呼吸來練習膈肌，增強其力量。

·肋間外肌（參見圖3-14）

【位置與形態】位於肋間，肌纖維與腹外斜肌一

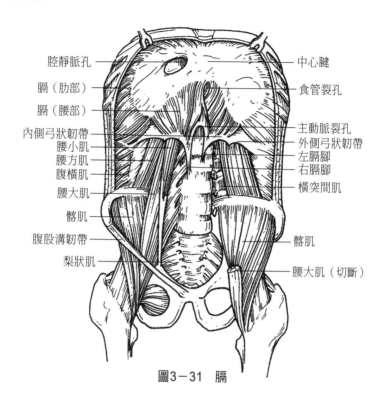

圖3-31 膈

致，呈「Ｖ」字形，共11對，為扁肌。

【起點】起於上位肋骨下緣。

【止點】止於下位肋骨上緣。

【功能】肋間外肌只參與上固定收縮，上提肋，擴大胸腔容積，進行吸氣。

·肋間內肌（參見圖3-14）

【位置與形態】位於肋間外肌深層，共11對，肌纖維與腹內斜肌一致，呈「ㄟ」字形，為扁肌。

【起點】起於下位肋的上緣。

【止點】止於上位肋下緣。

【功能】肋間內肌只參加下固定收縮，拉肋向下，使胸腔容積減小，完成呼氣。

・會陰肌

會陰肌是位於封閉小骨盆出口處諸肌的總稱。

附四　腹壁的其他結構

(1) 白線：

指腹白線，是位於腹前壁正中線上劍突與恥骨聯合之間呈白色的連線（因為此處全是肌肉的腱膜，無肌纖維，且呈白色，故稱白線）。由腹外斜肌、腹內斜肌和腹橫肌的腱膜形成白線。此線上寬下窄，中部有「臍環」。臍環為一薄弱部位，若腹腔內容物從此處膨出，稱為臍疝。

(2) 腹直肌鞘：

腹直肌鞘包裹腹直肌，分為前壁和後壁。由腹外斜肌腱膜和腹內斜肌腱膜前層組成腹直肌鞘前壁，由腹內斜肌腱膜後層和腹橫肌腱膜組成腹直肌鞘後壁。

(3) 腹股溝管：

位於髂前上棘和恥骨結節之間。由腹外斜肌下部腱膜捲曲和增厚，形成了腹股溝韌帶。而位於腹前壁下部各層腹肌與腹股溝韌帶之間的裂隙（長約4.5公分）叫腹股溝管。腹股溝管內，男性有精索通過，女性有子宮圓韌帶通過，此處是男性易發生疝（腹股溝斜疝）的地方。

(4) 股管：

位於腹股溝處。股動脈下行和股靜脈上行處的裂隙叫股管。此處女性易發生股疝。

根據以上結構的特點，在體育運動中，對兒童少年、老年和分娩不久的女性不要安排腹壓過大的練習，以免出現疝氣。

第五節　體育運動對骨骼肌的影響

系統的體育鍛鍊、訓練對骨骼肌形態結構的影響尤為明顯。主要影響如下：

一、肌肉體積的明顯增大

由系統的體育鍛鍊、訓練，肌肉的體積明顯增大。不同的運動項目對身體的不同部位影響各不相同。肌肉體積增大主要是由於肌纖維增粗的緣故，如肌纖維中的肌原纖維增粗、肌球蛋白增加、收縮物質增多。這在力量性訓練的運動員表現最為明顯。

二、肌纖維中線粒體數目增多、體積增大

線粒體是肌細胞（稱肌纖維）內的供能中心，是合成ATP（三磷酸腺苷）的細胞器。ATP主要是靠有氧代謝形成的，因此，耐力性項目的運動員肌肉中的線粒體增大、增多。

三、肌肉內的結締組織增多

力量性的運動員肌肉中的結締組織增加明顯，肌內膜和肌束膜增厚，肌腱也增粗，因此肌肉抗張力能力增強。肌肉中的脂肪減少。

四、肌肉中的化學成分發生變化

長期的體育鍛鍊和訓練，肌肉中的肌紅蛋白、ATP、CP（磷酸肌酸）和肌糖原都有明顯增加。ATP和CP是肌肉收縮的直接能源。

五、肌肉中的毛細血管變化

毛細血管是由內皮組成，很薄、通透能力強，是組織內進行物質交換的重要場所。經常的體育鍛鍊和系統的體育訓練，使肌肉中毛細血管的開放數量增加，並且毛細血管呈囊泡狀，更有利於血液循環的改善，進一步提高了肌肉的工作能力。

復習與思考

(1) 肌肉有哪些形態？全身肌肉大約有多少塊？

(2) 試述肌肉的主要構造和輔助結構。

(3) 肌肉有哪些物理特性？

(4) 肌肉的配布規律怎樣？

(5) 什麼是肌肉的解剖學分析法？

(6) 闡述肌肉的協作關係。

(7) 肌肉的工作性質分為幾大類？共有多少種？

(8) 什麼是肌肉生理橫斷面和肌肉初長度？

(9) 什麼是多關節肌主動不足和多關節肌被動不足？

(10) 試述肩帶運動的六組肌肉。

(11) 試述肩關節和肘關節運動的原動肌。

(12) 試述腕關節運動的原動肌。

(13) 試述投擲運動中，完成鞭打動作的肌肉。

(14) 試述肩袖的組成。

(15) 試述髖關節運動的原動肌。

(16) 試述膝關節運動的原動肌。

(17) 試述踝關節運動的原動肌。

(18) 試述維持足弓的主要肌肉。

(19) 試述脊柱屈伸、側屈和迴旋的原動肌。

(20) 試述固有呼吸肌和輔助呼吸肌（舉例）。

(21) 試述維持腹壓的肌肉。

(22) 試述維持人體直立的肌肉。

(23) 闡述發展肌肉力量的基本原則。

(24) 闡述發展肌肉伸展性的基本原則。

(25) 怎樣發展胸大肌和股四頭肌的力量？

(26) 怎樣發展背闊肌和股二頭肌的伸展性？

第四章 體育動作解剖學分析

(1) 瞭解什麼是體育動作分析和什麼是體育動作解剖學分析。

(2) 掌握體育動作解剖學分析的步驟、內容和方法。

(3) 由靜力性動作分析舉例，掌握靜力性動作的分析方法。

(4) 由動力性動作分析舉例，掌握動力性動作的分析方法。

知識點與應用

體育動作分析是一個較大的問題，而且是一項創造性的工作。它涉及的知識面很廣，如運動解剖學、運動生理學、運動醫學、運動生物力學、運動心理學、各項運動技術等，並有一定的深度和難度，也沒有固定的模式。

而體育動作解剖學分析比前者較容易，知識面也較窄，只要有一定的運動解剖學知識和對各項運動技術的瞭解，就可以進行體育動作解剖學分析。

體育動作解剖學分析的基本知識點是：

首先，對靜力性動作要會進行簡要而準確的描述。對動力性動作要會劃分動作階段，對週期性動作還要會劃分

動作週期和動作時相。因為週期性動作只要分析一個動作週期即可以。如跑步時對下肢來說，只要分析一步，以一條腿來說只分析一個單步。一個單步又分為三個時相：即後蹬、前擺、著地三個時相，每個時相分析清楚了，也就可以了。

然後就是分析肌肉工作，這裏有四個方面的工作要做。一是說明參加動作的關節（或環節）和所做的運動；二是依次指出動作的原動肌；三是依次指出肌肉的固定情況（即工作條件）；四是指出上述肌肉的工作性質。

最後，對所分析的動作進行小結並提出建議。

體育動作解剖學分析對每一個體育教師、教練員、體育專業的學生和運動員來說，都應該掌握，因為它也是工作能力的一種體現。如果這方面的知識具備了（善於分析體育動作），作為一名體育教師或教練員分析問題和解決問題的能力就增強了，這無疑會提高教學和訓練品質。

下面主要介紹體育動作解剖學分析的步驟、方法和內容，並舉出實例。

第一節　體育動作解剖學分析的步驟與內容

一、分析動作內容

對靜力性動作分析，首先描述身體姿勢；對動力性動

作分析，先要劃分動作階段，如果是週期性動作，則要劃出動作週期。

（一）靜力性動作

對靜力性動作進行分析，首先要描述身體姿勢。其目的是讓聽（或讀）者，有一個明確的瞭解，同時也便於分析。

如單槓懸垂動作：兩手正握（或反握）單槓，約同肩寬，頭微後仰，兩眼平視前方，兩上肢、軀幹和兩下肢自然下垂。在描述時，要有一定的順序，可以由近到遠，也可以由遠到近。

（二）動力性動作

對動力性動作，要劃分動作階段，若是週期性動作，還需劃分動作週期。

動力性動作相對較複雜，人體或身體某部分不斷改變運動速度、方向和位置。

如百米跑屬於動力性動作，可劃分為四個階段：即起跑、加速跑（疾跑）、途中跑和衝刺。百米跑是週期性動作，優秀運動員往往需要39～44步完成，因此每一步就是一個動作週期，對一側下肢來說，每一個單步分為後蹬、擺腿和著地三個時相。把每個時相分析清楚了，這個動作就分析完成了。

又如急行跳高也屬於動力性動作，分為助跑、起跳、過杆和落地四個階段，它是一個非週期性動作。

二、分析肌肉工作

分析肌肉工作是體育動作解剖學分析的重要組成部分，也是關鍵部分，它包括以下四個方面的內容：

(1) 首先說明參加動作的關節（或環節）和所做的運動。

(2) 然後說明上述動作的原動肌。

(3) 再說明上述動作原動肌的工作條件（即肌肉工作時的固定情況）。

(4) 最後說明上述原動肌的工作性質。

在以上四點中，(1) 是分析肌肉工作的關鍵點，在體育動作解剖學分析時不可忽視，否則就會出現錯誤。

對於(3)、(4) 兩點，初學者往往感到困難。關於肌肉工作時的固定情況，這是一個相對的概念，嚴格說來，肌肉收縮時起、止點都要動，但是總有一端動得明顯，稱為動點，則不動或動得不明顯的一端稱為定點。

再看定點在哪一端，對四肢肌來說，定點在近側端，則稱為近固定；定點在遠側端，則稱為遠固定。而頭頸和軀幹肌則為上固定、下固定和無固定。若肌肉定點在上端，稱為上固定，如做仰臥舉腿動作時，腹直肌在上固定情況下工作。若肌肉定點在下端，稱為下固定，如做仰臥起坐動作時，腹直肌在下固定情況下工作。若肌肉工作時兩端都動得明顯，也就是說沒有定點，則稱為無固定，如做仰臥兩頭起動作時，腹直肌是無固定。

　　關於肌肉工作性質的分析，首先要看是動力性動作還是靜力性動作？若是動力性動作，肌肉的工作性質只有向心（克制）工作或離心（退讓）工作兩種，不可能兩者都是，也不可能兩者全無，一定是二者必居其一。怎麼判斷呢？

　　很簡單，凡是肌肉收縮變短用力的，則是向心工作，這是大量的。凡是肌肉收縮被慢慢拉長的情況下用力的，則是離心工作（這時阻力大於肌肉拉力，使運動環節背向肌肉拉力方向緩慢運動）。靜力性動作詳見本書第三章第一節中「肌肉的工作性質」。

三、小結與建議

　　以下幾點可以在小結中進行論述：評價動作的練習意義；完成該動作的有利因素和不利因素；易出現的缺點與錯誤，並分析這些缺點與錯誤產生的原因，更重要的是提出解決（即糾正與克服）問題的辦法。對於初學者和提高者，應有目的、有計劃地安排輔助練習。最後對分析中所發現的問題，提出自己的看法與建議。

第二節　體育動作解剖學分析實例

一、雙槓直角支撐

　　雙槓直角支撐（圖4-1），就是軀幹與兩下肢在髖關

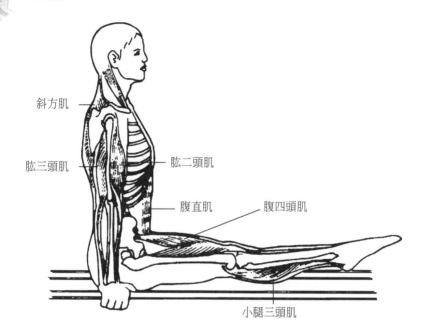

斜方肌

肱三頭肌 ————— 肱二頭肌

腹直肌 腹四頭肌

小腿三頭肌

圖4－1　雙槓直角支撐

節處相互成直角，兩手支撐於雙槓的靜力性動作。

（一） 描述身體姿勢

　　雙槓直角支撐姿勢中，兩肩胛骨後縮，兩上肢伸直，兩手握槓。頭部正直，軀幹長軸與雙槓垂直，脊柱頸前凸與直立時相似，胸後凸減小，腰前凸幾乎消失。在標準姿勢中，骨盆接近水平位，兩大腿併攏屈至與軀幹成直角，兩膝關節伸直，兩足屈（即繃直腳尖）。

（二）分析肌肉工作

參加運動的關節 （或環節）與運動	原動肌	肌肉 工作條件	肌肉 工作性質
手指關節屈	指關節屈肌	遠固定	靜力性工作
腕關節伸	腕關節伸肌	遠固定	靜力性工作
肘關節伸直	肘關節屈、伸肌	遠固定	靜力性工作
肩關節內收	胸大肌、背闊肌、肩胛下肌	遠固定	靜力性工作
肩胛骨後縮	斜方肌、菱形肌	遠固定	靜力性工作
頭、頸、脊柱伸	豎脊肌、斜方肌	下固定	靜力性工作
骨盆接近水平位	腹直肌、腹內、外斜肌	上固定	支持工作
髖關節屈	髂腰肌、股直肌	近固定	支持工作
膝關節伸	股四頭肌	近固定	支持工作
踝關節屈	小腿三頭肌、踇長屈肌	近固定	靜力性工作
趾關節屈	踇長屈肌、趾長屈肌	近固定	靜力性工作

（三）呼吸、血液循環與神經系統情況

雙槓直角支撐動作中，由於腹壁肌肉緊張，常用「憋氣」完成此動作。不過從實踐中觀察到，借助膈肌的收縮，可以實現一定程度的腹式呼吸（主要由膈肌收縮實現的呼吸）。

對於初學者，憋氣時血液回心會有一定的困難。但經由不斷的訓練，血液循環會逐漸順利通暢。雙槓直角支撐屬於靜力性動作，所以肌肉神經系統易於疲勞。

（四）小結與建議

雙槓直角支撐動作，是身體重心高於支撐點的不穩定平衡動作。此動作的支撐面是兩手握槓之間的面積，它是一個橫徑比前後徑大得多的長方形，故左右穩度大，前後穩度小。常常以手的外展肌與內收肌群收縮調整平衡，保證動作的穩定。從身體總重心與支撐面相關位置來看，沒有出現使身體失去平衡的重力矩，但兩下肢仍有較大的重力矩。

經常練習此動作，可以發展上提軀幹的肌肉、使骨盆接近水平位的肌肉、大腿屈和小腿伸的肌肉的靜力性力量和耐力。

對於體操運動員來說，強有力的腹肌是完成複雜動作的重要因素之一。所以常做仰臥起坐、仰臥舉腿、仰臥兩頭起和懸垂舉腿等動作，是發展腹直肌、腹內、外斜肌及髂腰肌力量的較好練習。

二、單槓懸垂

單槓懸垂（圖4－2）屬於靜力性工作。

（一）描述身體姿勢

兩手正（或反）握單槓，約同肩寬。兩上肢、軀幹和兩下肢自然下垂，頭部微後仰，兩眼平視前方。

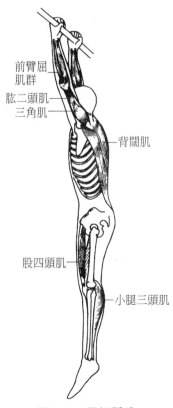

前臂屈肌群

肱二頭肌

三角肌

背闊肌

股四頭肌

小腿三頭肌

圖4－2　單槓懸垂

（二）分析肌肉工作

參加運動 關節或環節	運　動	原動肌	肌肉 工作條件	肌肉 工作性質
指關節	屈	指屈肌	遠固定	靜力性工作中的加固工作
腕關節	伸直位	腕伸肌、腕屈肌	遠固定	
肘關節	伸直位	肱肌、肱二頭肌、肱三頭肌	遠固定	
肩關節	極度屈	胸大肌、三角肌前部、肱二頭肌	遠固定	
肩胛骨	上回旋	斜方肌上、下部	近固定	
軀　幹	伸直位	腹直肌、腹內、外斜肌、豎脊肌	上固定	
骨　盆	呈前傾位			
髖關節	伸直位	臀大肌、股後肌群、髂腰肌、股直肌	近固定	
膝關節	伸直位	股四頭肌、腓腸肌等	近固定	
踝關節	微　屈	小腿三頭肌、蹚長屈肌等	近固定	

（三）小結與建議

經常練習單槓懸垂動作，可以發展上述肌肉的力量和靜力耐力，同時可以增強人體的協調性、使人體感到

全身舒展和改善血液循環。在劇烈運動後做一下單槓懸垂，使全身得到放鬆，有助於消除疲勞。

為了做好單槓懸垂動作，可以在肋木上練習，還可以在爬繩、爬竿上做。

三、原地側向推鉛球

（一）劃分動作階段

原地側向推鉛球（圖4－3），屬於動力性動作中的非

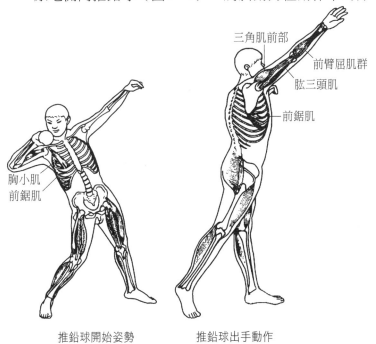

推鉛球開始姿勢　　　　　推鉛球出手動作

圖4－3　原地側向推鉛球

週期性動作。該動作可劃分為預備姿勢、推球動作和球出手後的換腿緩衝動作三個階段。這裏只分析持球上肢的推球動作。

（二）分析肌肉工作

參加運動的關節 （環節）與運動	原動肌	肌肉 工作條件	肌肉 工作性質
肩胛骨前伸	前鋸肌、胸小肌	近固定	均為向心工作
肩關節屈	胸大肌、三角肌前部、肱二頭肌	近固定	
肘關節伸	肱三頭肌、肘肌	近固定	
前臂內旋	旋前圓肌、旋前方肌	近固定	
腕關節屈	手的屈肌	近固定	

（三）小結與建議

原地側向推鉛球動作，是側向滑步（或背向滑步）推鉛球的基礎動作，要求推的力量大、速度快（即爆發用力），是由（腿）蹬、（髖）挺、（上肢）推把器械（鉛球）推到一定遠度的動力性動作。

鉛球被推出的遠度，主要取決於兩個因素：一是推球的力量的大小，二是使鉛球產生加速度時間的長短。因此，發展上肢肌肉的力量和增大推球上肢運動幅度

（即做好身體超越器械動作），以及適當增大肌肉初長度，從而延長力對鉛球的作用時間，都很重要。

四、引體向上

關於「正握」與「反握」，運動解剖學的觀點與社會習慣是相反的，這個問題至今沒有達成共識，故具體問題具體分析，在本教材中以人體解剖學姿勢為準。

（一）劃分動作階段

引體向上（圖4－4）動作劃分為：預備姿勢、引體階

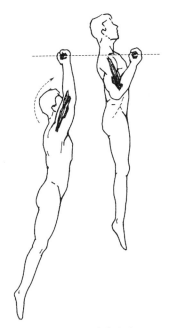

圖4－4　引體向上

段、下降還原成預備姿勢三個階段。鍛鍊價值最大的是引體階段動作，因此，肌肉工作的分析只分析該階段的動作。

（二）分析肌肉工作（引體階段）

參加運動的關節 （環節）與運動	原動肌	肌肉 工作條件	肌肉 工作性質
指關節屈	指屈肌群	遠固定	靜力性 工作
腕關節屈	手屈肌群	遠固定	向心工作
肘關節屈	肱肌、肱二頭肌等	遠固定	向心工作
肩關節伸	背闊肌、三角肌後部、肱三頭肌長頭	近固定	向心工作
肩胛骨下迴旋	胸小肌、菱形肌	近固定	向心工作

（三）小結與建議

經常進行引體向上的練習，主要是發展上肢肌肉的力量。具體是指屈肌、腕屈肌、肘屈肌、肩關節伸肌和肩胛骨下迴旋肌肉的力量。

在實踐中，發現正握比反握引體向上輕鬆，這是由於在正握引體向上時，肱二頭肌（雙關節肌）沒有出現多關節肌主動不足現象，而反握引體向上動作中，出現了多關節肌主動不足現象。具體說，就是在正握引體向上時，肱二頭肌的力量全部用在屈肘動作中，而在反握引體向上動作中，肱二頭肌的力量一部分用於前臂的外

旋（實際上做不了，但肌力卻消耗了），剩下的力量才能使肘關節屈。根據上述道理，在訓練中應盡可能用反握練習引體向上，而在比賽中（比賽規則允許條件下）應盡可能用正握引體向上。

　　在做引體向上練習時，每做一次下頜必須過槓，身體不要擺動，兩下肢不要出現蹬腿動作，兩手握距略比肩寬，過窄過寬都不好。

五、俯地挺身

（一）劃分動作階段

俯地挺身（圖4-5）的完整動作可劃分預備姿勢、下

（1）

（2）

圖4-5　俯地挺身

降階段和撐起階段三個階段。該動作最有價值的階段是撐起階段，因此下面的肌肉工作分析，只分析撐起階段。

（二）分析肌肉工作（撐起階段）

參加運動的關節（或環節）與運動	原動肌	肌肉工作條件	肌肉工作性質
肩胛骨前伸	前鋸肌、胸小肌	近固定	均為向心工作
肩關節屈	胸大肌、三角肌前部、肱二頭肌	近固定	
肘關節伸	肱三頭肌、肘肌	遠固定	
腕關節過伸到伸	手屈肌	遠固定	

（三）小結與建議

經常練習俯地挺身動作，可以發展上肢肌肉的力量，具體的肌肉詳見上表。此外該動作對於發展呼吸肌力量也很好。

做俯地挺身動作時，從頭到腳要成一條直線。初學者感到困難，可以兩手的位置高一些，然後根據情況逐漸放低。當動作做得又標準、又輕鬆時，可以加大難度，把腳置於高處、兩手置於低處，如在臺階上倒過來做，或兩手置於地面、兩腳置於凳子上進行練習，不少

人可以一次連續做幾十個到一百多個。

六、原地單手肩上投籃

（一）劃分動作階段

原地單手肩上投籃（圖4-6）在犯規後罰球時用得較多，此動作分為預備姿勢和投籃動作兩個階段。下面只分析持球上肢的投籃動作。

圖4-6　原地單手肩上投籃

（二）分析肌肉工作（持球上肢的投籃動作）

參與運動的關節 （或環節）與運動	原動肌	肌肉 工作條件	肌肉 工作性質
肩胛骨上迴旋	斜方肌上、下部	近固定	均為向心工作
肩關節	屈胸大肌、三角肌前部、肱二頭肌	近固定	
肘關節伸	肱三頭肌、肘肌	近固定	
腕關節屈	手的屈肌	近固定	
指關節屈	指屈肌	近固定	

（三）小結與建議

　　原地單手肩上投籃是籃球運動的基本投籃動作，也是得分的重要手段，練好該動作，是提高投籃命中率從而在比賽中取勝的重要法寶，因此對於籃球運動員來說，這是一項極其重要的基本技術。

　　要做好原地肩上投籃動作，需要全身協調一致用力，反覆練習。還有一點必須指出，在球出手前到出手的瞬間，要用「屏息」（指在自然狀態下，聲門裂關閉，氣體暫時不出不進），這樣做的目的是使胸廓固定，給起、止在胸廓上的有關肌肉以穩固的支撐點，便於肌肉協調用力，提高命中率。

七、立定跳遠

立定跳遠（圖4-7）是用來發展下肢肌肉力量和彈跳力的重要練習。在身體素質的測試中，它是常常用來測定下肢肌肉力量的項目之一。

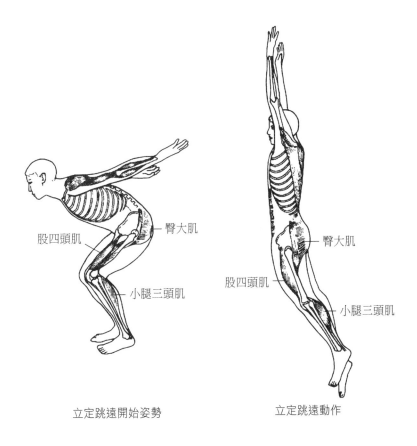

立定跳遠開始姿勢　　　　　　　　立定跳遠動作

圖4-7　立定跳遠

（一）劃分動作階段

立定跳遠動作可劃分為預備姿勢、起跳、騰空和著地四個階段。這個動作的關鍵就是起跳階段，是指從預備姿勢開始到腳要離開地面之前的動作。下面只分析起跳的最後部分，即兩腳蹬伸離地時的下肢動作。

（二）分析肌肉工作（兩下肢蹬伸離地的動作）

參加運動的 關節與運動	原動肌	肌肉 工作條件	肌肉 工作性質
髖關節伸	臀大肌 大收肌 股後肌群	遠固定 近固定	向心工作
膝關節伸	股四頭肌	遠固定	向心工作
踝關節屈	小腿三頭肌 踇長屈肌等	近固定 遠固定	向心工作

（三）小結與建議

立定跳遠動作是一個爆發用力的動作，需要上肢和全身的協調配合，尤其是快速有力的擺臂可以增強起跳效果，這一點不可忽視。

立定跳遠動作連續做，則稱為蛙跳。因此立定跳遠、蛙跳和縱跳摸高等都是發展下肢肌肉力量和彈跳素質的練習，它們練習的肌群基本上相同。

八、正腳背踢球

（一）劃分動作階段

正腳背踢球（圖4-8）可劃分為預備姿勢和踢球兩個階段。這裏只分析踢球階段的踢球下肢的動作。

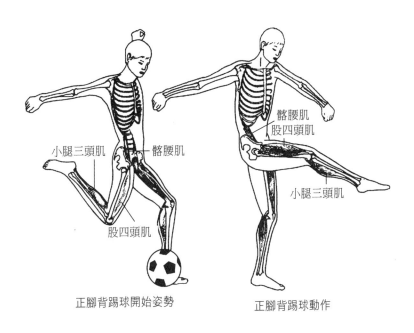

小腿三頭肌　　　髂腰肌

股四頭肌

正腳背踢球開始姿勢

髂腰肌
股四頭肌

小腿三頭肌

正腳背踢球動作

圖4-8　正腳背踢球

（二）分析肌肉工作（踢球下肢的動作）

參加運動的關節與運動	原動肌	肌肉工作條件	肌肉工作性質
髖關節屈	髂腰肌、股直肌等	近固定	向心工作
膝關節伸	股四頭肌	近固定	向心工作
踝關節屈	小腿三頭肌、踇長屈肌	近固定	向心工作

（三）小結與建議

正腳背踢球是足球運動中一個重要而基本的技術動作，常常用來傳球和射門（包括發點球）。經常練習該動作，可以發展下肢踢球腿髖關節屈肌和膝關節伸肌的力量。要求踢球腿速度快、擊球有力和準確，在踢球的瞬間蹠趾關節與趾關節不能過於放鬆，以免腳趾受傷。踢球腿各環節以軀幹為基本支撐點。

九、仰臥兩頭起

（一）劃分動作階段

仰臥兩頭起（圖4－9）是用來發展腹肌力量的動作，可劃分為預備姿勢（即仰臥墊上）和仰臥兩頭起兩個階段，這裏只分析後一階段。

圖4－9　仰臥兩頭起

（二）分析肌肉工作（仰臥兩頭起階段）

參加運動的 關節與運動	原動肌	肌肉 工作條件	肌肉 工作性質
肩關節伸	背闊肌、三角肌後部、 肱三頭肌長頭	近固定	向心工作
脊柱屈	腹直肌、腹內、外斜肌	無固定	向心工作
髖關節屈	髂腰肌、股直肌等	近固定	向心工作

（三）小結與建議

仰臥兩頭起是發展腹肌力量的極好練習，同時也發

展了肩關節伸肌和髖關節屈肌的力量。在挺身式跳遠和排球的正面屈體扣球動作中，都是上述肌肉在工作條件相同的情況下做向心工作。

在做仰臥兩頭起動作時，兩上肢伸直於肩關節處，兩下肢也是伸直的，動作要求協調一致、節奏合理。

十、正面屈體扣球

（一）劃分動作階段

排球的正面屈體扣球（圖4－10）可劃分為助跑、起跳、空中擊球和落地四個階段，這裏只分析空中擊球的上肢和軀幹動作。

圖4－10　正面屈體扣球

（二）分析肌肉工作（以右手擊球為例的右上肢擊球動作和軀幹動作）

參加運動的關節(環節)和運動	原動肌	肌肉工作條件	肌肉工作性質
肩胛骨下迴旋	菱形肌、胸小肌	近固定	均為向心工作
肩關節伸	背闊肌、三角肌後部、肱三頭肌長頭	近固定	
肘關節伸	肱三頭肌、肘肌	近固定	
腕關節屈	腕關節屈肌	近固定	
軀幹屈和左迴旋	腹直肌、腹內、外斜肌左腹內斜肌和右腹外斜肌	無固定下固定	

（三）小結與建議

正面屈體扣球是排球運動中重要的進攻技術，也是得分和爭奪發球權的重要手段。擊球前的身體姿勢是：人體呈反弓形、上體後仰、擊球上肢的右肩胛骨上迴旋、肘關節微屈、手呈勺形並伸。擊球時的情況已在分析肌肉工作中詳述。擊球後身體自然下落，盡可能成為防守或再次進攻時的身體姿勢。

正面屈體扣球的關鍵動作是起跳。起跳能力強，則決定了扣球點的高度，從而增強了進攻的有效性。因

此，對排球運動員的臀大肌、大收肌、股四頭肌、小腿三頭肌、踇長屈肌和趾長屈肌等肌肉的力量訓練尤為重要，對腰、腹肌肉的力量訓練也不可忽視。

復習與思考

（1）體育動作分析與體育動作解剖學分析有什麼不同？

（2）體育動作解剖學分析的步驟與內容怎樣？

（3）對靜力性動作分析，首先為什麼要描述身體姿勢？

（4）舉例說明動力性動作怎樣劃分階段。

（5）分析肌肉工作的表格包括哪些內容？什麼內容是關鍵？

（6）試分析「立正」姿勢。

（7）試分析「手倒立」的完成動作。

（8）試分析跑步的上肢與下肢動作。

（9）試分析仰臥起坐和仰臥舉腿動作。

（10）試分析馬步沖拳的下肢和上肢動作。

人體運動的供能體系

- 消化系統

- 呼吸系統

- 泌尿系統

- 脈管系統

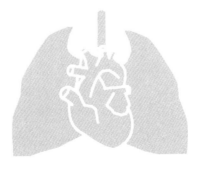

第五章　消化系統

學習要求

(1) 瞭解內臟的概念和內容。

(2) 明確消化系統由消化管和消化腺組成。

(3) 重點掌握胃的位置、形態、結構和功能。

(4) 掌握小腸的分段及小腸絨毛的構造與功能。

(5) 瞭解大腸的分段、位置與功能。

(6) 瞭解肝的位置、形態、結構與功能。

(7) 瞭解胰的形態、位置與功能。

(8) 瞭解三對唾液腺的位置與腺管開口部位。

(9) 瞭解咽的分部。

(10) 瞭解體育運動對消化系統的影響。

知識點與應用

消化系統由消化管和消化腺組成。在消化管中胃和小腸是學習的重點。消化腺中肝和胰也是重點。

我們都知道，恒牙受損後將不能再萌生新牙，在體育運動中牙齒折斷、脫落常有發生，這不僅痛苦，而且容貌會受到影響，吃飯時的咀嚼和說話也會有障礙。

有人統計顯示，95%的牙齒損傷在 21 歲以前，而且

運動時不使用護齒器比使用護齒器的牙齒損傷發生率高達60倍。因此專家建議，從事山地車、滾軸溜冰、各種球類、跆拳道、散打、拳擊、武術等項目，應使用運動護齒器，使牙齒免受損傷。

肝是人體中最大的實質性臟器，也是最大的腺體，由於體積較大，固定性較差。肝臟同時接受肝動脈和門靜脈的雙重血液供應，因此血管特別豐富。

肝本身質地柔軟脆弱，缺少彈性，在對抗性較強的體育運動中，如足球、拳擊、跆拳道和散打等項目中，易遭到暴力的打擊而受傷，造成大出血，輕者休克，重者可危及生命，因此要特別注意體育運動中的保護，萬一受傷要及時就醫。

消化系統既要受交感神經支配，又要受副交感神經支配。副交感神經使消化系統的功能加強、加快，如吃飽飯後副交感神經系統興奮性佔優勢，胃液分泌增加，大量血液流向消化系統，根據這一特點，所以吃飽飯後不能馬上進行劇烈運動，應該過1.5到2個小時以後再進行比賽或其他的劇烈運動，這樣才有利於健康。否則會引起消化系統疾病的發生。

第一節　內臟總論

內臟主要是指位於胸腔和腹腔內的一些器官的總稱，包括消化、呼吸、泌尿和生殖系統。

一、內臟的構造

內臟分為中空性器官和實質性器官兩大類。

（一）中空性器官

中空性器官呈管狀或囊狀，器官內部均有空腔（圖5－1）。以消化管為例，由內到外依次為以下四層結構。

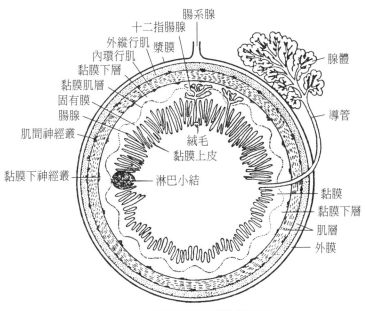

圖5－1　消化道管壁構造模式圖

(1) 黏膜：

是中空性內臟器官進行功能活動的重要部分。黏膜往往向管腔內突出，形成環行或縱行的皺襞。黏膜表面一層均由上皮細胞構成；黏膜內有腺體，可分泌消化液和黏液等物質，幫助消化食物或潤滑和保護管壁。

(2) 黏膜下層：

為疏鬆結締組織組成，可使黏膜有一定移動性。其內含有豐富的血管、淋巴管、淋巴細胞、神經和黏膜下層腺體等。

(3) 肌層：

在中空性內臟器官中主要是平滑肌，橫紋肌較少。肌層一般排列成兩層，內層為環行，外層為縱行。肌層的收縮與舒張，可使管腔壁產生蠕動。

(4) 外膜：

為薄層結締組織，若在薄層結締組織表面覆蓋有一層間皮，則稱漿膜。漿膜表面光滑，可減少器官間相對運動時的摩擦。

（二）實質性器官

實質性器官沒有特定的空腔，通常都以導管開口於中空性器官，多數屬於腺體，具有分泌功能，如肝、胰、腎及生殖腺等。

二、腹部的分區和主要臟器的體表投影

（一）腹部的分區

由兩側肋弓最低點和兩側髂前上棘做兩條橫線，把腹部分為上、中、下三部分。再由兩側腹溝韌帶中點做兩條垂線，與兩條橫線相交，將腹上部分為中間的腹上區和兩側的左、右季肋區；將腹中部分為中間的臍區和兩側的左、右腹外側區；將腹下部分為中間的腹下區（恥區）和兩側的左、右腹股溝區（表3、圖5－2）。

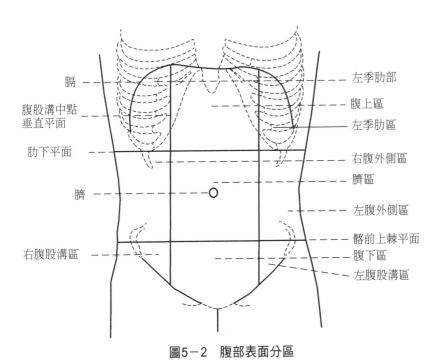

膈

腹股溝中點
垂直平面

肋下平面

臍

右腹股溝區

左季肋部

腹上區

左季肋區

右腹外側區

臍區

左腹外側區

髂前上棘平面
腹下區

左腹股溝區

圖5－2　腹部表面分區

表3　腹部表面分區

腹部分部	右側	中間	左側
腹上部	右季肋區	腹上區	左季肋區
腹中部	右腹外側區	臍區	左腹外側區
腹下部	右腹股溝區	腹下區（恥區）	左腹股溝區

（二）主要臟器的體表投影

以上九個區的相互位置關係和各區內的主要器官如表4：

表4　腹部各區內的主要器官

右季肋區	腹上區	左季肋區
肝右葉、結腸右曲、右腎	肝左葉、膽囊、胃、十二指腸、胰腺	胃底、胰尾、左腎、脾、結腸左曲
右腹外側區	**臍　區**	**左腹外側區**
升結腸、右腎下部、回腸、右輸尿管	胃大彎、橫結腸、空腸、回腸、大網膜	降結腸、空腸、左腎下部、左輸尿管
右腹股溝區	**腹下區（恥區）**	**左腹股溝區**
回腸末端、盲腸、闌尾	回腸、膀胱、卵巢、輸卵管、子宮	乙狀結腸

第二節 消化管

消化系統由消化管和消化腺組成（圖5-3）。

消化管自上而下依次為：口腔、咽、食管、胃、小腸（十二指腸、空腸、回腸）和大腸（盲腸、結腸、直腸）。通常把從口腔到十二指腸的一段叫做上消化道，空腸以下的一段稱為下消化道。

一、口　腔

口腔（圖5-4）是由硬腭、軟腭（腭垂、腭舌弓、腭咽弓、腭扁桃體）、咽峽（左右腭舌弓、腭垂和舌根圍成）組成。

口腔以上、下牙弓和牙齦為界分為口腔前庭和固有口腔。口腔前庭為位於上下唇、頰和上下牙弓之間的狹窄空隙；固有口腔在其後內側，較寬闊，位於牙弓與咽峽之間。口腔壁的腔面被覆以黏膜，由複層扁平上皮和固有層構成。

1. 牙

牙位於上、下頜骨牙槽內。牙的外形分為牙冠、牙頸、牙根三部分。牙由牙髓、牙釉質、牙骨質、牙本質（象牙質）構成。牙本質構成牙的大部分；牙釉質是在牙冠部的牙本質外面覆蓋的部分；牙骨質是在牙根部的牙本質外面包繞的部分；牙髓位於牙腔內，由結締組

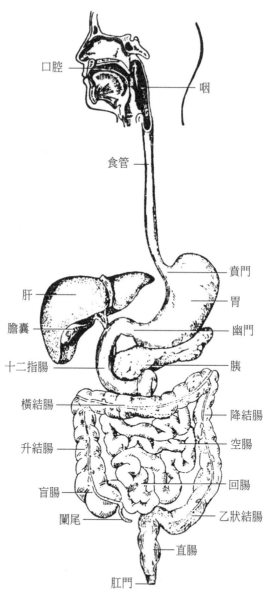

口腔

咽

食管

賁門

肝

胃

膽囊

幽門

十二指腸

胰

橫結腸

降結腸

升結腸

空腸

盲腸

回腸

闌尾

乙狀結腸

直腸

肛門

圖5-3　消化系統

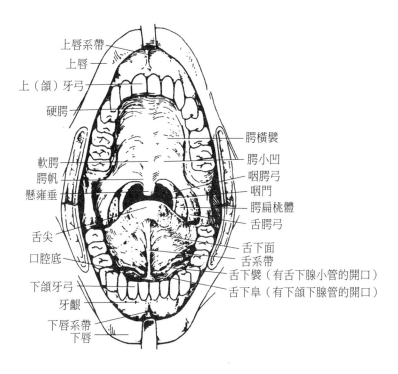

上唇系帶
上唇
上（頜）牙弓
硬腭
軟腭
腭帆
懸雍垂
舌尖
口腔底
下頜牙弓
牙齦
下唇系帶
下唇

腭橫襞
腭小凹
咽腭弓
咽門
腭扁桃體
舌腭弓
舌下面
舌系帶
舌下襞（有舌下腺小管的開口）
舌下阜（有下頜下腺管的開口）

圖5－4　口　腔

織、神經和血管共同組成。

　　人一般出生後 6～7 個月開始萌牙，乳牙長全
共 20 顆，6～12 歲之間逐漸脫落由恒牙代替，恒牙
共32顆（圖5－5－圖5－7）。

2. 舌

　　舌位於口腔底，後部固定在舌骨上，分為舌體、舌
根、舌尖三部分。舌黏膜內含絲狀乳頭、菌狀乳頭、輪
廓狀乳頭等。舌肌有舌內肌、舌外肌，其主要功能是，

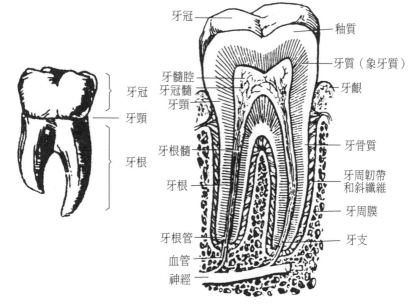

圖5-5　牙的構造

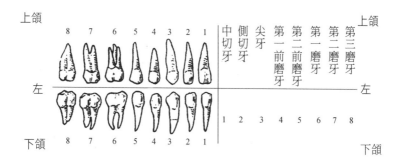

圖5-6　恒　牙

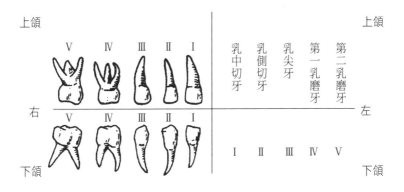

圖5-7　乳牙

不僅在咀嚼時起攪拌食物的作用，而且還對語言和發音有重要作用。舌的功能主要有感受味覺、協助咀嚼、攪拌食物、輔助發音。

(1) 舌的形態：

舌以上面「ㅅ」形的界溝為界分為前2/3的舌體和後1/3的舌根兩部分（圖5-8）。

(2) 舌的黏膜：

舌黏膜呈淡紅色，舌乳頭主要有絲狀乳頭、菌狀乳頭和輪廓乳頭。絲狀乳頭遍佈於舌背，呈白色絲絨狀，具有感受觸覺的功能；菌狀乳頭外觀呈紅色，散在於絲狀乳頭之間；輪廓乳頭位於舌體後部界溝的前方。菌狀乳頭和輪廓乳頭內均含有味覺感受器，稱味蕾，可感受酸、甜、苦、鹹等味覺的刺激。

(3) 舌肌：

舌肌（圖5-9）為橫紋肌，分舌內肌和舌外肌。舌內肌可使舌縮短、變窄或變薄；舌外肌共有四對。

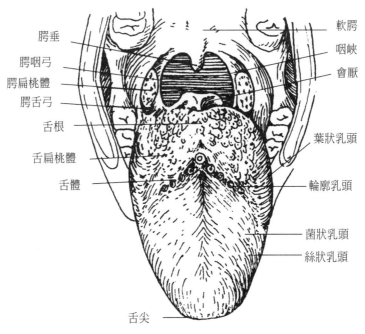

腭垂

腭咽弓

腭扁桃體

腭舌弓

舌根

舌扁桃體

舌體

軟腭

咽峽

會厭

葉狀乳頭

輪廓乳頭

菌狀乳頭

絲狀乳頭

舌尖

圖5-8 舌的外形

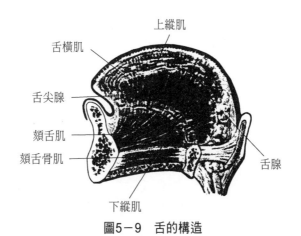

上縱肌

舌橫肌

舌尖腺

頦舌肌

頦舌骨肌

下縱肌

舌腺

圖5-9 舌的構造

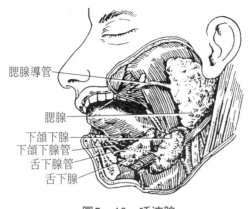

腮腺導管

腮腺

下頜下腺
下頜下腺管
舌下腺管
舌下腺

圖5－10　唾液腺

(4) 唾液腺（口腔腺）：

有腮腺、下頜下腺、舌下腺。唾液腺（圖5－10）的分泌物稱為唾液，具有濕潤黏膜和食物、抗菌滅菌、清洗口腔及便於吞咽等功能。

二、咽

1.位置與交通

咽為肌性管道，位於頸椎前，上部通鼻腔，中部通口腔，下部通喉腔並向下與食管相連。咽全長12公分，上起顱底，下至第六頸椎下緣與食管相連，後壁與側壁完整，前方分別與鼻腔、口腔和喉腔相通。

2.咽的分部

咽分為鼻咽部、口咽部、喉咽部三部分（圖5－11）。

(1) 鼻咽：

是咽腔的上部，上界為顱底；下界為軟腭後緣，並借此與口咽分界。

咽扁桃體：是鼻咽頂後壁黏膜下的淋巴組織，嬰幼兒較發達。

咽鼓管咽口：在鼻咽側壁距下鼻甲後1公分處，向外通中耳鼓室。

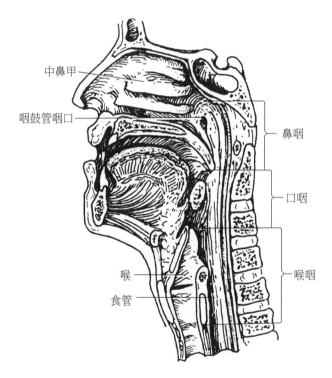

圖5－11　鼻、口、咽和喉的縱切面

(2) 口咽：

為咽腔的中部，上界為軟腭後緣；下界為會厭上緣。

(3) 喉咽：

位於喉的兩側和甲狀骨內面之間。

3.咽的功能

咽是食物和空氣的交通要道。咽肌收縮時將食團壓入食管，完成吞咽動作。

三、食　管

食管（圖5－12）是食物的通道，上端於第六頸椎高度接咽，下端穿過膈肌於第十一胸椎左側續於胃的賁門，為全長22～25公分的肌性管道，有三處狹窄。

第一個狹窄部位位於食管與咽交接處，距中切牙5公分；第二個狹窄部位位於食管與左支氣管交叉處，距中切牙25公分；第三個狹窄部為膈的食管裂孔處，距中切牙40公分。

四、胃

1. 位置和形態

胃3/4位於左季肋部，1/4位於上腹部，其入口為賁門，出口為幽門，下續十二指腸。胃整體可分為賁門部、胃底、胃體、幽門部四部。右上緣稱胃小彎，凹向

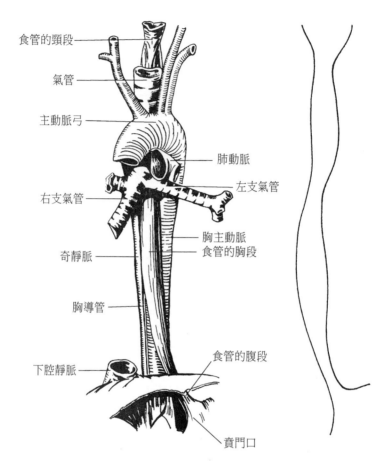

食管的頸段

氣管

主動脈弓

肺動脈

左支氣管

右支氣管

胸主動脈
食管的胸段

奇靜脈

胸導管

下腔靜脈

食管的腹段

賁門口

圖5－12　食管的前面觀

上，最低點有一切跡，稱角切跡；左下緣稱胃大彎，起自賁門切跡，呈弧形凸向左下至第十肋軟骨平面（圖5－13）。

賁門部：位於賁門周圍的部分。

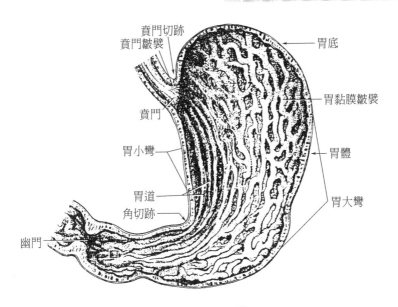

賁門切跡
賁門皺襞
胃底
胃黏膜皺襞
賁門
胃小彎
胃體
胃道
胃大彎
角切跡
幽門

圖5-13　胃的形態

胃底：指賁門切跡以上的部分，亦稱胃穹窿。

胃體：位於胃底與幽門部之間的部分。

幽門部：為角切跡與幽門之間的部分，左側管腔擴大，稱幽門竇；右側管腔狹窄，稱幽門管。

2. 胃壁的結構

胃黏膜呈淡紅色，在胃空虛時黏膜有許多皺襞，充盈時，則皺襞減少或展平。胃的肌層發達，由外縱、中環和內斜共三層平滑肌構成（圖5-14）。

在幽門處，胃的環行肌特別增厚形成幽門括約肌，黏膜在此處形成環形皺襞稱為幽門瓣，具有防止腸內容物逆流入胃的作用。

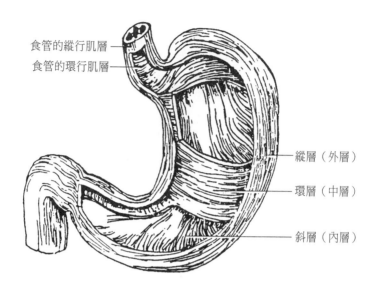

食管的縱行肌層

食管的環行肌層

縱層（外層）

環層（中層）

斜層（內層）

圖5－14　胃壁肌層

3. 胃的功能

胃可臨時貯存食物，並磨碎和攪拌食物；能分泌胃液，分解食物中的蛋白質；還能分泌激素。

五、小　腸

小腸上起幽門，下續盲腸和結腸，全長5～7公尺，分十二指腸、空腸和回腸三部。

1. 十二指腸

十二指腸（圖5－15）緊貼腹後壁，是小腸中長度最短、管腔最大的一段，呈「C」字形，包繞胰頭，長約25

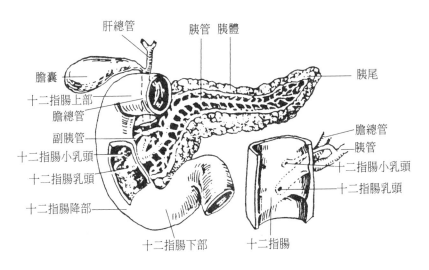

圖5－15　胰和十二指腸

公分，分為上部、降部、水平部和升部四部分。

(1) 上部：

長約 5 公分，起自幽門，向右後至膽囊頸後下方轉折向下移行為降部，轉折處稱十二指腸上曲。上部近幽門處的一段腸管壁薄內面光滑，環狀襞少，稱十二指腸球。

(2) 降部：

長 7～8 公分，在右腎內側下降至第三腰椎水平，轉折向左續水平部，轉折處稱十二指腸下曲。降部左側貼胰頭，其後內側壁上有十二指腸縱襞。縱襞下方有十二指腸大乳頭，是膽總管和胰管的共同開口，距中切牙約 75 公分。大乳頭稍上方，可見十二指腸小乳頭，是副

胰管的開口。

(3) 水平部：

長約10公分，自右向左橫過第三腰椎，至左側續於升部。腸系膜上動、靜脈貼前面下行。

(4) 升部：

長2～3公分，自第三腰椎左側上升至第二腰椎左側，急轉向前下方，形成十二指腸空腸曲，移行為空腸。

2. 空腸和回腸

除去十二指腸的小腸上2/5為空腸，下3/5為回腸。

小腸的黏膜層和黏膜下層形成許多環行、半環行的皺襞，叫環狀襞。環狀襞上面有許多指狀突起，叫小腸絨毛（圖5－16），長約1毫米，覆以大量的單層柱狀上皮細胞和少量杯狀細胞，具有吸收功能。

3. 小腸的功能

小腸是消化食物和吸收營養物質的重要場所。

六、大　腸

大腸分為盲腸、結腸和直腸，全長約為1.5公尺。大腸的外形主要特點：表面有三條縱形的結腸帶，橫溝分隔成的許多袋形凸形成結腸袋，還有脂肪垂。

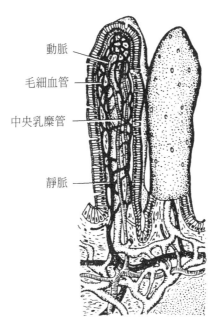

動脈

毛細血管

中央乳糜管

靜脈

圖5－16　小腸絨毛

1. 盲　腸

　　盲腸（圖5－17）為大腸起始的膨大盲端，長6～8公分，位於右髂窩內，向上通升結腸，向左連回腸。回、盲腸的連通口稱為回盲口，口處的黏膜折成上、下兩個半月形的皺襞，稱為回盲瓣，此瓣具有括約肌的作用，可防止大腸內容物逆流入小腸。在回盲瓣的下方約2公分處，有闌尾的開口。闌尾形如蚯蚓，又稱蚓突，其上端連通盲腸的後內壁，下端游離，一般長7～9公分。闌尾有系膜，活動性較大，其伸展的位置較不恆定，以盆位者多見，其次為盲腸後位及盲腸下位。

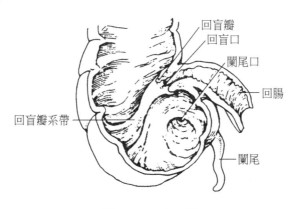

圖5-17 盲 腸

2. 結 腸

結腸為介於盲腸和直腸之間的部分，按其所在位置和形態又分為升結腸、橫結腸、降結腸和乙狀結腸四部分。

(1) 升結腸：

長約15公分，是盲腸向上的延續，自右髂窩沿腹後壁的右側上升，至肝下方向左彎成結腸右曲，移行於橫結腸。升結腸後面借結締組織附貼於腹後壁，故活動性較小。

(2) 橫結腸：

長約50公分，起自結腸右曲，向左橫行至脾處再向下彎成結腸左曲，移行於降結腸。橫結腸全部被腹膜包被，並借橫結腸系膜連於腹後壁。

(3) 降結腸：

長約20公分，從結腸左曲開始，沿腹後壁的左側下降，至左髂嵴處移行於乙狀結腸。

(4) 乙狀結腸：

長為 40～50 公分，平左髂嵴處接續降結腸，呈「乙」字形彎曲，至第三骶椎前面移行於直腸。

3. 直　腸

直腸為大腸的末端，長 15～16 公分，位於小骨盆內。上端平第三骶椎處接續乙狀結腸，沿骶骨和尾骨的前面下行，穿過盆膈，下端以肛門而終。

4. 大腸的功能

大腸能吸收食物殘渣中的水分和無機鹽，並使食物殘渣形成糞便，排出體外。

第三節　消化腺

消化腺由大、小消化腺組成。大消化腺包括唾液腺、肝和胰；小消化腺分佈於消化管各段的管壁內，如唇腺、舌腺、食管腺和胃腺等。

一、肝

（一）肝的位置和形態

肝大部分位於右季肋區和腹上區，小部分位於左季肋區。

肝上界：與膈穹窿一致，在鎖骨中線右側平第五

肋，左側平第五肋間隙，在前正中線位於胸骨體與劍突結合處。

肝下界：成人與肋弓一致，在劍突下約3公分，幼兒可低於肋弓，但不超出2公分，7歲以後與成人相同。

肝分上、下兩面（圖5－18、圖5－19），上面由鐮狀韌帶分為左右兩葉並聯於膈下，下面有三條溝（左、右縱溝、橫溝，橫溝處又叫肝門）。

上面（膈面）：被鐮狀韌帶分為左、右兩葉。

下面（臟面）：被「H」形溝分為四葉，左葉、右葉、方葉、尾狀葉。

（二）肝的構造

肝由直徑約2毫米的呈多邊形棱柱狀的肝小葉（圖5－20）組成。肝小葉主要由肝細胞組成，是肝的基本結構和功能單位，成人約100萬個。在每個肝小葉內都有一條中央靜脈和許多圍繞中央靜脈呈放射狀排列的肝細胞

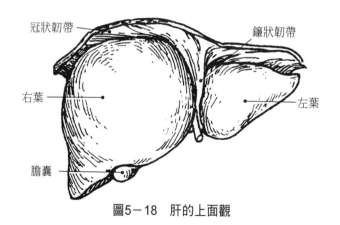

圖5－18 肝的上面觀

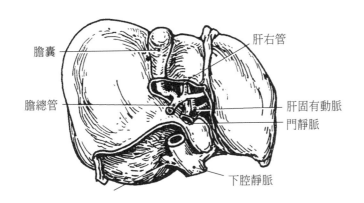

膽囊

膽總管

肝右管

肝固有動脈

門靜脈

下腔靜脈

圖5－19 肝的下面觀

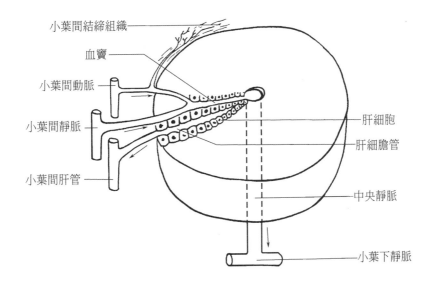

小葉間結締組織

血竇

小葉間動脈

小葉間靜脈

小葉間肝管

肝細胞

肝細膽管

中央靜脈

小葉下靜脈

圖5－20 肝小葉圖解

索。肝細胞索裏有毛細膽管。肝上皮細胞分泌膽汁，經毛細膽管出肝小葉排至小葉間膽管，再排到肝管。

（三）肝的功能

肝的功能很複雜，其主要功能如下：

(1) 參與物質代謝。肝幾乎參與體內的一切代謝過程，人們稱它為物質代謝的「中樞」。它是肝內糖、脂類、蛋白質等合成與分解、轉化與運輸、貯存與釋放的重要場所，也與激素和維生素的代謝密切相關。

(2) 分泌膽汁。肝細胞分泌膽汁，幫助腸道內脂肪的消化和吸收，並促進脂溶性維生素的吸收。成人的肝每日可分泌膽汁500～1000毫升。

(3) 排泄、吞噬功能。肝臟可以由生物轉化作用對非營養性物質（包括有毒物質）進行排泄；對進入人體內的細菌、異物進行吞噬，以保護機體。

(4) 胚胎時期的肝能造血，是人體內血庫之一。

（四）肝外膽道

肝外膽道包括膽囊和輸膽管道。

1. 膽　囊

(1) 位置和形態：

膽囊略呈鴨梨形，位於肝右縱溝前部內，上面借結締組織與肝結合，下面由腹膜覆被。

(2) 作用：

膽囊有貯存和濃縮膽汁的作用。

(3) 分部：

膽囊從前向後可分為膽囊底、膽囊體、膽囊頸、膽囊管。

(4) 膽囊底的體表投影：

膽囊底為突向前下的膨大盲端，常在肝下緣處露出，其體表投影相當於右側腹直肌外緣與右肋弓相交處，當膽囊發炎時，此處可有壓痛。

2. 輸膽管道

輸膽管道包括肝左、右管、肝總管和膽總管。

肝內的膽小管逐漸匯合成肝左管和肝右管，兩管出肝門後匯合成肝總管下行，肝總管與膽囊管匯合，共同形成膽總管。膽總管長為4～8公分，下行於十二指腸上部的後方，至胰頭處進入十二指腸降部的左後壁，在此處與胰管匯合，開口於十二指腸大乳頭。

3. 膽汁和胰液的排泄途徑

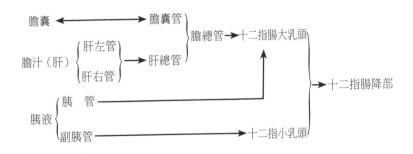

二、胰

（一）胰的位置和形態

胰是一條長扁形的腺體，位於十二指腸和脾之間，全長 14～20 公分，橫臥於腹後壁，約平第一腰椎，分為頭、體、尾三部分，為混合腺體，有內、外分泌作用（參見圖5－15）。

(1) 胰頭：

上、下及右側被十二指腸包繞，其下部向左後方突起。

(2) 胰體：

橫過第一腰椎之前，胰體與胰頭之間狹窄部分稱胰頸。

(3) 胰尾：

較細，達脾門。

胰管位於胰實質內，貫穿胰全長，在十二指腸降部壁內與膽總管匯合成肝胰壺腹，開口於十二指腸大乳頭。

（二）胰的功能

胰的外分泌部分泌胰液，內含有胰脂肪酶、胰蛋白酶和胰澱粉酶等物質，這些酶可促進三大營養物質的分解。

胰的內分泌部（即胰島）分泌胰島素，調節體內糖

代謝，維持正常的血糖量。胰島素分泌不足時，血糖會過高，導致糖尿病。

三、唾液腺

唾液腺（參見圖5－10）包括腮腺、舌下腺和下頜下腺三對。腮腺最大，位於耳前下方，其導管開口於上頜第二磨牙相對的黏膜處。下頜下腺位於頜骨體下緣內側。舌下腺最小，位於口腔底前部。下頜下腺和舌下腺共同開口於舌下阜。

第四節　體育運動對消化系統的影響

經常參加體育鍛鍊，體內物質能量消耗較多，運動後必須靠加強消化、吸收活動來補充。這時消化腺分泌消化液增多，消化管道的蠕動加強，因此提高了胃腸的消化和吸收功能。

運動時呼吸加深加快，膈肌大幅度的升降活動以及腹肌的收縮和舒張活動，對胃腸起到按摩作用，消化系統的血液循環得到改善，也能增強胃、腸的消化功能。

體育鍛鍊可提高食慾，有益於疾病治療。無論對於健康人或消化系統疾病患者，選擇適當、適度的體育鍛鍊都是十分必要的。

如果運動安排不當，血液重新分配的改變對消化系統的消化和吸收可能產生不良影響。

復習與思考

(1) 闡述消化系統的組成。

(2) 試述胃的位置、形態、構造與功能。

(3) 瞭解小腸的分段、構造與功能。

(4) 述肝的位置、外形、構造與功能。

(5) 談談胰為什麼是混合腺？

(6) 談談唾液腺的名稱與位置。

(7) 為什麼吃飽飯後，不能馬上進行劇烈運動？

第六章 呼吸系統

學習要求

(1) 瞭解呼吸系統的組成。

(2) 明確呼吸道包括哪些器官。

(3) 熟悉肺的位置、外形與肺小葉的構造。

(4) 掌握肺門的位置與進出肺門的主要器官。

(5) 了解氣血屏障的構成與作用。

(6) 瞭解體育運動中呼吸的特點。

(7) 瞭解體育運動對呼吸系統功能的影響。

知識點與應用

呼吸系統（圖6－1）由氣體傳導部（呼吸道）和呼吸部（肺）組成。每個正常人都有兩個肺，位於胸腔，左右各一，均呈錐體形，右肺分為上、中、下三大葉，左肺分為上、下兩葉。左、右兩肺相對的縱隔面均有一凹陷，稱為肺門，此處有肺動脈和支氣管進入，有肺靜脈（左、右各二）出肺門。

肺的主要結構是肺小葉。肺泡與肺毛細血管之間有一重要結構，叫氣血屏障（由肺泡壁、基膜和毛細血管壁三層構成），是氧氣和二氧化碳交換的必經之路。

體育運動中的呼吸較為特殊，我們每個從事體育工作

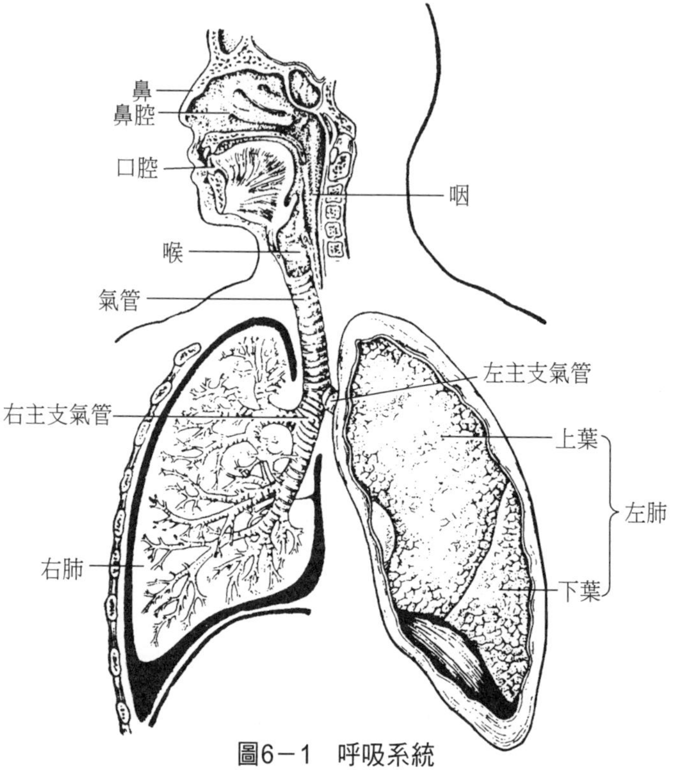
鼻
鼻腔
口腔
咽
喉
氣管
左主支氣管
右主支氣管
上葉
左肺
右肺
下葉

圖6－1　呼吸系統

的人必須瞭解這一點，並應注重它的實踐。

鼻是呼吸道的門戶，鼻孔周圍有鼻毛，鼻黏膜能分泌黏液，加上鼻毛可以黏住空氣中的細菌和塵埃，有過濾作用，能淨化空氣。因此在平時人們的生活中，應盡可能養成用鼻吸氣的習慣，減少病從口入的可能性。

從鼻根與兩嘴角可連成三條線，這三條線之間的三角區稱為「面部危險三角」。因為顏面的淺靜脈內沒有靜脈瓣，血液可以上、下流通，如果面部發生了炎症，尤其

三角區的感染，細菌很容易沿著血管進入顱內，從而引起顱內感染甚至危及生命。因此，對於青春發育期的學生，應該避免拔鼻毛、捏擠粉刺的不良習慣，以防發生感染。

呼吸運動是由呼吸肌（含輔助呼吸肌）的舒張與收縮來實現的。處於安靜狀態下的呼吸稱為平和呼吸。以肋間肌收縮使胸廓產生的呼吸運動叫胸式呼吸；但以膈肌收縮為主產生的呼吸運動叫腹式呼吸；通常人們的呼吸兩者皆有，稱為混合式呼吸。

但是體育運動中則不然，還有深吸氣、深呼氣（合為深呼吸）、屏息（平和呼吸時，聲門裂關閉，氣體暫時不進不出，叫屏息）。如射擊的擊發之前、籃球罰球投籃時就要用屏息。有時為了增大力氣，則要用「憋氣」。此時深吸大半口氣，聲門裂關閉，但不做呼氣動作，稱為憋氣。往往用在爆發用力時，如投擲的最後用力、跑到終點、提拉或舉槓鈴時，都要用憋氣。

作為一名優秀的運動員，不僅身體素質好、技術好，還要特別會呼吸，這就需要訓練。為此，下面提出體育運動與呼吸的配合原則：

(1) 除了游泳和運動中呼吸困難時可以用口吸氣外，其他都要養成用鼻吸氣的習慣。

(2) 要善於利用有利的身體姿勢進行呼吸：一般在做兩臂上舉、外展、提肩、伸脊柱時進行吸氣有利，在兩臂下放、內收、塌肩、團身、脊柱屈時進行呼氣比較有利。

(3) 運動中要善於變換呼吸形式，當胸廓需要固定

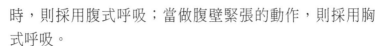

時，則採用腹式呼吸；當做腹壁緊張的動作，則採用胸式呼吸。

(4) 在非週期性動作中，要養成均勻的深呼吸。

(5) 在呼吸困難時，如運動中發生腹痛時（暫時性的），可用深呼吸進行調整，先呼後吸。

(6) 在週期性運動中，呼吸節奏要與動作的週期相配合，如跑步時三步一吸、三步一呼，根據個人情況進行針對性訓練。

(7) 在特殊的體育運動中，要進行特殊的呼吸。在射擊扣扳機的瞬間、籃球投籃的瞬間進行屏息。在提拉槓鈴前、上舉槓鈴前、投擲項目的最後用力、排球扣球前的起跳、完成吊環十字支撐時，均要用憋氣。據研究憋氣前最好吸半口氣，效果最佳。

第一節　氣體傳導部——呼吸道

一、鼻

鼻是呼吸道的起始，是氣體進出人體的主要通道。它能淨化空氣，調節空氣溫度、濕度，並兼有嗅覺及發音共鳴等作用。鼻分為外鼻、鼻腔和鼻旁竇三部分。

1. 外　鼻

外鼻以骨和軟骨為支架，被覆皮膚和少量皮下組

織，分為鼻根、鼻背、鼻尖和鼻翼。

2.鼻　腔

鼻腔以鼻中隔分為左右兩腔，每腔分為鼻前庭和固有鼻腔兩部分。鼻腔的外側壁（圖6－2）有上、中、下鼻甲，將鼻腔分為上、中、下鼻道。

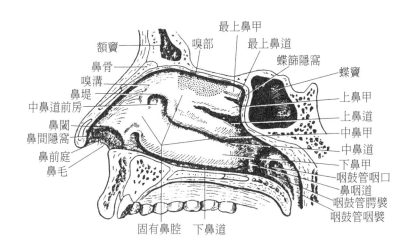

圖6－2　鼻腔外側壁（內側面觀）

・固有鼻腔

(1) 境界：

前界　通鼻前庭。

後界　鼻後孔，通鼻咽。

內側壁　鼻中隔，由篩骨垂直板、梨骨及鼻中隔軟骨及被覆黏膜構成，其前下部血管豐富，稱易出血區。

頂壁　篩骨篩板被覆黏膜。

底壁　骨腭及黏膜。

外側壁　有上、中、下鼻甲及其下方的上、中、下鼻道。

(2) 黏膜：

嗅區　上鼻甲下緣平面以上的鼻腔黏膜，內有嗅細胞分佈。

呼吸區　嗅區以外的鼻腔黏膜，有豐富的靜脈叢和鼻腺。

3.鼻旁竇

鼻旁竇有上頜竇、額竇、蝶竇及篩竇。

上頜竇：位於上頜骨體內，開口於中鼻道。

額竇：位於額骨眉弓深面，額骨內外板之間。開口於中鼻道。

蝶竇：位於蝶骨體內，開口於蝶篩隱窩。

篩竇：位於篩骨迷路內，分前、中、後三群。前群和中群開口於中鼻道，後群開口於上鼻道。

二、咽

詳見本書第五章第二節消化管。

三、喉

喉（圖6－3）不僅是呼吸的通道，還是發音的器官。

1. 位　置

喉位於頸前部，向上開口於咽部，向下與氣管相通，其位置高低與年齡、性別有關。

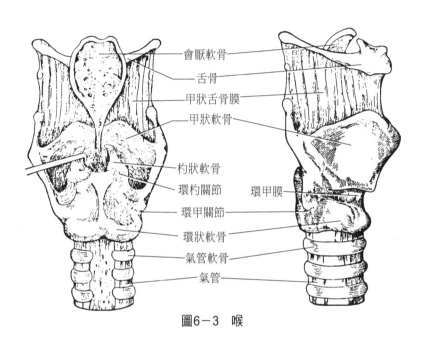

會厭軟骨
舌骨
甲狀舌骨膜
甲狀軟骨
杓狀軟骨
環杓關節
環甲膜
環甲關節
環狀軟骨
氣管軟骨
氣管

圖6－3　喉

2. 喉的構造

喉由軟骨、韌帶和肌肉構成。

喉軟骨有甲狀骨、環狀軟骨、會厭軟骨、杓狀軟骨等，其中甲狀骨最大，其前部向上突出稱為喉結。會厭軟骨借韌帶位於甲狀骨中間部分上緣的後面，吞咽時可關閉喉口，防止食物誤入氣管。

甲狀骨：由兩塊甲狀骨板合成，構成喉的外側壁。

環狀軟骨：位於喉的最下方、呈環形。

會厭軟骨：上寬下窄似樹葉狀，下端借韌帶連於甲狀骨。

杓狀軟骨：成對，位於環狀軟骨上方，呈三面錐體形。

3. 喉　腔

喉的內腔稱為喉腔（圖6－4）。喉腔的上口稱為喉口，喉腔的中部側壁黏膜形成兩對皺襞，上為前庭襞，又叫假聲帶；下為聲襞，又叫聲帶。左右聲帶間的裂隙叫聲門裂。當氣體通過時，聲帶產生振動而發聲。當憋氣或屏息時，聲門裂關閉。

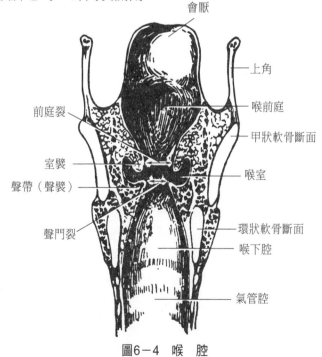

圖6－4　喉　腔

四、氣管與支氣管

氣管（圖6－5）上起環狀軟骨，下至胸骨頸靜脈切跡，由16～20個「C」形軟骨環構成，後部由平滑肌和結締組織膜構成膜壁，是氣體的通道。

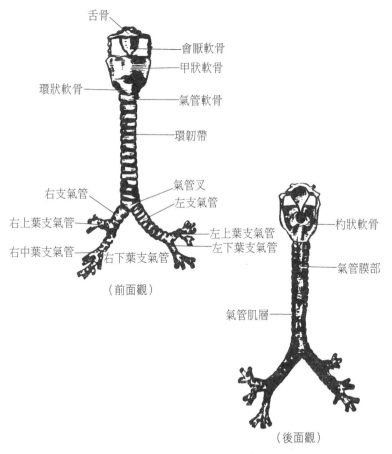

圖6－5　氣管及支氣管

氣管位於食管前方，上於第六、七頸椎高度與環狀軟骨相連，下平胸骨角高度分叉，成左、右支氣管。左支氣管細、長、傾斜，入左肺；右支氣管粗、短、較直，故異物易進入右支氣管。

第二節　呼吸部——肺

肺是呼吸系統的呼吸部，是人體進行氣體交換的重要器官，且具有內分泌的作用。

一、肺的位置與外形

1.位　置

肺（圖6-6）位於胸腔內，左、右各一，分別居於縱隔兩側。

因心臟位置偏左，故左肺狹長，右肺略寬短。肺表面為臟胸膜被覆，較光滑。幼兒肺的顏色呈淡紅色，隨年齡增長，空氣中的塵埃吸入肺內，逐漸變成灰色至黑紫色。

2.形　態

兩肺均呈錐體形，斜裂（葉間裂）將左肺分為上、下兩葉；水平裂（右肺副裂）將右肺分為上、中、下三葉。

由於肺呈圓錐形，故有一尖、一底、兩面和三緣。

肺尖：圓鈍，伸向頸根部，高出鎖骨內側1/3上方2.5公分。

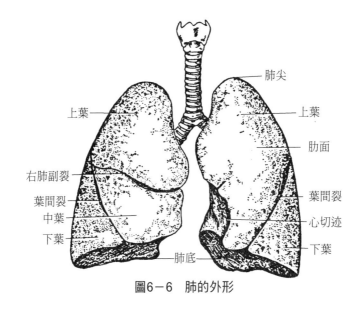

圖6－6　肺的外形

　　肺底：又稱膈面，稍向上凹。

　　兩面：肋面（外側面）圓凸，貼近肋和肋間肌。縱隔面（內側面）中部有長圓形凹陷叫肺門，此處有支氣管、肺動脈、肺靜脈、神經和淋巴管出入。出入肺門所有的結構被結締組織包繞，構成肺根。

二、肺的構造

　　肺由支氣管樹和大量的肺小葉（圖6－7）組成。每一個肺小葉依次由小葉支氣管、呼吸性支氣管、肺泡管、肺泡囊、肺泡組成。故小葉支氣管及其分支與所連的肺泡合稱為肺小葉，肺小葉是肺的結構和功能單位，每個肺含有50～80個肺小葉。

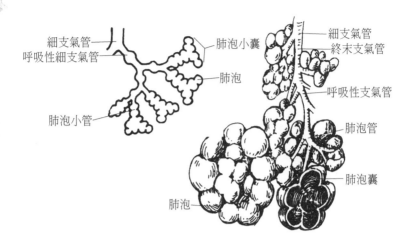

圖6－7　肺小葉

第三節　胸膜、胸膜腔與縱隔

一、胸　膜

　　胸膜是位於兩肺外面封閉的雙層漿膜囊，由壁胸膜和臟胸膜組成。

二、胸膜腔

　　臟胸膜和壁胸膜在肺根下方相互移行，形成一個封閉的漿膜囊腔隙，內呈負壓，有少量漿液，可減少呼吸

時臟胸膜和壁胸膜之間的摩擦。

三、縱　隔

縱隔是縱隔胸膜之間的全部器官及結締組織的總稱。

第四節　體育運動對呼吸系統的影響

呼吸是機體重要的生理活動之一，它在神經系統的控制下，與其他機能協調地不斷適應內外環境的變化，其主要機能是供給組織所需要的氧氣，並排出體內所形成的二氧化碳，來維持機體正常的生命活動。

人體攝取的氧能否滿足肌肉活動的需要，是決定人們能否持久地進行活動的主要因素之一，所以一個人的呼吸機能強弱與他的工作和運動能力有著密切的關係。

人在安靜時呼吸很淺，參加呼吸的肌肉很少，運動幅度也很小，吸氣完全是被動的還原動作。所以在生活中體力勞動少又不經常運動的人，呼吸肌因為缺少鍛鍊會變得非常軟弱。

在參加體育運動的時候，隨著呼吸運動的加強，呼吸變得主動和加深，有關的呼吸肌都參加了活動，久之，就增強了呼吸肌的力量和耐力。隨著呼吸肌的增強，胸廓的活動範圍也就擴大了，所以一般人的呼吸差只有6～8公分，而運動員呼吸差平均可達12～14公分，甚至更多。

由此可見，經常參加體育運動能增進呼吸器官的機能，提高肺的有效通氣效率，使人不致因呼吸機能差而在工作過程中很快產生疲勞。

復習與思考

(1) 簡述呼吸系統的組成與功能。

(2) 呼吸道包括哪些器官？上、下呼吸道以什麼為界？

(3) 簡述肺的位置、外形、分葉。

(4) 簡述肺小葉的構造。

(5) 大氣中的氧進入肺毛細血管的路如何走？

(6) 體育運動對呼吸系統有何影響？

第七章　泌尿系統

學習要求

(1) 瞭解泌尿系統的組成。

(2) 明確腎的位置、外形和結構。

(3) 掌握腎單位的結構與功能。

(4) 熟習輸尿管、膀胱和尿道的功能。

(5) 瞭解體育運動對泌尿系統的影響。

知識點與應用

　　泌尿系統由腎（泌尿器官）、輸尿管（排尿器官）、膀胱（儲尿器官）和尿道（排尿器官）組成。腎臟由外部的腎皮質和內部的腎髓質組成腎的實質，由腎小盞組成腎大盞，2～3個腎大盞匯合成腎盂，這一部分稱為腎竇。腎皮質和伸入到腎髓質內的腎柱均由腎單位組成，每個腎單位包括腎小體（腎小球和小球囊）和腎小管（近曲小管、直小管和遠曲小管）兩部分，腎小體處產生原尿（成人每天產生100～200升）。在腎小管處進行重吸收，最後流入集合管的尿液叫終尿（成人每天1～2升）。

　　經常而循序漸進的體育運動，對泌尿系統各器官的結構和功能均有良好的影響。

　　一般地說，在體育運動中，為保證肌肉運動時血液的

充分供應，在中樞神經系統調節下，內臟器官血管收縮，供血量減少，泌尿系統的機能相對減弱。這時體內代謝產生的廢物多以汗液的形式排出體外，所以在體育運動時，尿量減少，也沒有尿意。

在運動之後，機體不斷補充水分，泌尿系統的機能增強，供血量增加，不斷恢復運動前的安靜水準，同時為了清除運動過程中因新陳代謝旺盛而積蓄在體內大量的代謝產物，泌尿系統的功能均有加強，以維持水、鹽及酸鹼平衡，使人體內環境保持相對平衡。

腎臟具有獨立自動調節的機制，當腎動脈血壓改變時，能維持腎的血流量不變。但當劇烈運動時，由於腎血管收縮，入腎的血流量被分流，腎上腺分泌又增加，進一步引起血管收縮，腎的自動調節被抑制，使得腎臟缺血、缺氧和乳酸增多，腎小體濾過屏障通透性加大，腎小管上皮細胞變性，造成大分子（蛋白質、紅細胞及乳酸）被濾過，腎小管機能下降，不能重吸收這些物質，因而隨尿排出，形成運動性蛋白尿、血尿和尿乳酸。

上述情況，在一般運動中不會出現，只有在中等強度以上，尤其大強度的運動訓練情況下才會出現。格拉夫對50名參加1978年美國波士頓馬拉松比賽的男性運動員的小便進行了檢查，發現9人有血尿呈陽性，在48小時後對以上9人再檢查，8人已恢復血尿呈陰性，只有1人仍血尿呈陽性，說明運動性血尿是由於人體對運動量不適而出現的。故運動後，經過一段時間休息就可以恢復，不需治療，這一點對於教練員掌握運動量有著重要的意義。

泌尿系統的組成與功能：腎（泌尿）→輸尿管（輸

尿）→膀胱（儲尿）→尿道（排尿）。腎生成尿液，將
代謝產生的大部分廢物以尿液形式排出（圖7−1）。

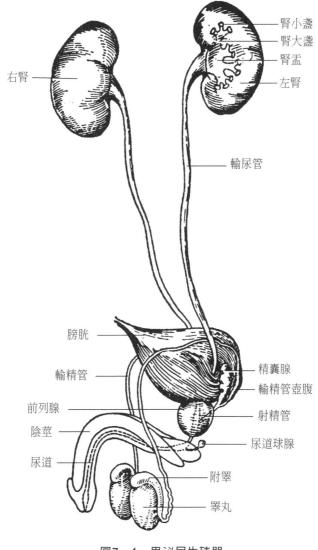

右腎

腎小盞
腎大盞
腎盂
左腎

輸尿管

膀胱

輸精管

前列腺

陰莖

尿道

精囊腺
輸精管壺腹

射精管

尿道球腺

附睪

睪丸

圖7−1　男泌尿生殖器

<h1 style="text-align:center">第一節　腎</h1>

一、腎的位置與外形

腎是成對的實質器官，形似蠶豆，新鮮時呈紅褐色，長約10公分，寬約5公分，厚約4公分，男性大於女性。腎位於脊柱的兩側第十一胸椎至第三腰椎之間，女性低於男性，緊貼腹後壁，右腎略低，外側緣隆凸，內側緣中部凹陷稱腎門，它是輸尿管、腎動脈、腎靜脈、淋巴管和神經出入的地方。

腎竇是腎門向腎實質內伸入由腎實質圍成的腔隙，內含腎動脈分支、腎靜脈屬支、腎小盞、腎大盞、腎盂和脂肪組織等。腎的被膜由內向外有纖維囊、脂肪囊和筋膜包裹，它們將腎固定在正常位置。

二、腎的構造與尿的生成

（一）腎的結構

腎可視為由囊壁的腎實質和囊腔的腎竇組成。從腎的額狀面（圖7-2）可見，由腎門進入腎內擴大的腔，稱為腎竇。腎竇內有腎小盞、腎大盞、腎盂、腎血管、腎淋巴管和神經等結構。

腎竇的周圍是腎實質，可分為腎皮質和腎髓質兩部

分。腎皮質是腎實質的周圍部分，肉眼可見小紅的顆粒為腎小體。腎皮質突入腎髓質，構成腎柱。

　　腎髓質是位於皮質深部的腎錐體（15～20個）。腎錐體的底朝外與皮質相連，尖向腎竇稱為腎乳頭，其上有10～25個乳頭孔，腎形成的尿液由乳頭孔流入腎小盞內。腎小盞呈漏斗狀，有7～8個，包繞腎乳頭。2～3個腎小盞合成1個腎大盞。2～3個腎大盞匯合形成腎盂。腎盂呈前後扁平的漏斗狀，出腎門後向下彎曲變細，移行為輸尿管。

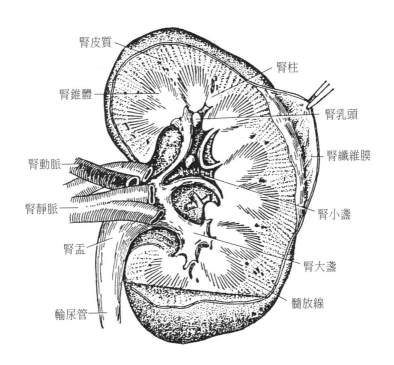

圖7－2　左腎額狀切面

（二）腎單位與尿的生成

1. 腎單位

腎單位（圖7－3）是腎的結構和功能單位，可分為腎小體和腎小管兩部分。腎小體（圖7－4）是腎單位的起始部分，位於皮質內，由腎小球和腎小囊組成。腎小球位於腎小囊內，它是入球小動脈進入腎小囊反覆分支形成的毛細血管球，而後再匯合成一條出球小動脈，離開腎小球。入球小動脈口徑大於出球小動脈的口徑，造成腎小球內的血壓較高。

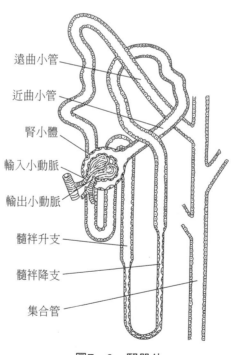

遠曲小管

近曲小管

腎小體

輸入小動脈

輸出小動脈

髓袢升支

髓袢降支

集合管

圖7－3　腎單位

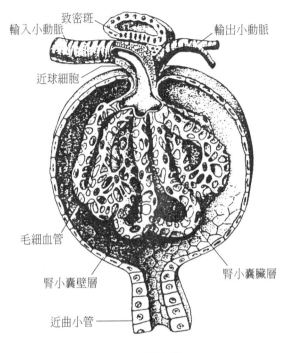

致密斑
輸入小動脈
輸出小動脈
近球細胞
毛細血管
腎小囊臟層
腎小囊壁層
近曲小管

圖7-4 腎小體

　　腎小囊是腎小管的起始部分膨大且凹陷形成杯狀的雙層結構，兩層囊壁之間的腔隙稱為腎小囊腔。腎小囊的內層是臟層，外層是壁層。臟層由多突起的足細胞組成，每個初級突起又分出大量的次級突起，次級突起之間的間隙覆蓋有一層薄膜稱為裂孔膜。

　　當血液流經毛細血管球時，因其壓力較高，促使血液中的血漿和小分子物質通過內皮細胞的小孔、基膜和足細胞突起間的裂孔膜濾過到腎小囊腔，稱為原尿。小分子通過的這三層結構稱為濾過膜或血尿屏障。原尿中

不含大分子蛋白質、脂類和有形成分，其餘成分與血漿相同。正常成人每天生成原尿100～200升。

2. 腎小管

腎小管是與腎小囊壁層相連的細長管道，可分為近曲小管、直小管和遠曲小管三部分。近曲小管是吸收原尿的主要場所，原尿中的水、鉀、鈉等離子大部分被重吸收，葡萄糖全部被重吸收。

集合小管可分為集合管和乳頭管兩段。集合管由遠曲小管匯合而成，幾條集合管匯合成乳頭管，其開口通向腎小盞。

第二節　輸尿管、膀胱、尿道

一、輸尿管

輸尿管（參見圖7-1）為細長的肌性管道，長25～30公分，起於腎盂下端，止於膀胱。輸尿管按行程分為三段（腹段、盆段和壁內段）。

二、膀　胱

膀胱（參見圖7-1）位於盆腔內恥骨聯合後方，空虛時其頂不超過恥骨聯合上緣，分為底部、體部和尖部。底部膨大，向後下方，尖部細小，向前上方。

膀胱是儲存尿液的肌性囊狀器官，其形狀、大小和位置均隨尿液充盈度而變化，其容量成人為300～500毫升，最大容量可達800毫升。膀胱空虛時呈三棱錐體形。

三、尿　道

尿道（參見圖7－1）分為男性和女性兩種，男性尿道有排尿和排精兩種功能。女性尿道僅有排尿功能。

男性尿道詳見男性生殖系統。

女性尿道的長度為3～4公分，起於尿道內口，與陰道前壁相鄰，穿尿生殖膈止於尿道外口。在女性尿道穿尿生殖膈處，有尿道陰道括約肌環繞，屬隨意肌。

第三節　體育運動對泌尿系統的影響

運動時，腎臟排泄代謝物增多，如尿素、尿肌酐等。為了保持身體內環境的恆定，腎臟能加速排泄影響機體內環境恆定的物質如乳酸、酮體等，從而保證運動能力。

同時運動時汗量增加，身體內水分就會減少，為了保持體內水分，腎臟能增加對水分的重吸收，使排尿減少。排汗時大量丟失鹽分，腎臟也增加對鹽分的重吸收，以減輕體內缺鹽的程度。

復習與思考

(1) 試述泌尿系統的組成與主要功能。

(2) 簡述腎小體的構造與尿的生成。

(3) 試述水從口入經尿道排出的途徑。

(4) 排尿量與體育運動有何關係？為什麼？

(5) 運動性血尿是怎樣形成的？

第八章　脈管系統

學習要求

(1) 掌握心血管系統的組成、血液循環的途徑。

(2) 掌握心的位置與外形和心臟各個腔的結構。

(3) 掌握體循環的動脈途徑。

(4) 瞭解微循環的意義。

(5) 瞭解靜脈的結構和特點。

(6) 瞭解淋巴系統的組成與功能。

知識點與應用

　　脈管系統也就是通常所說的循環系統，是由心血管系統和淋巴系統組成的密閉循環系統。心血管系統是由心臟、動脈、靜脈和毛細血管組成；淋巴系統是由淋巴管和淋巴器官組成。

　　要熟悉心臟的位置、外形和內部四個腔室（左、右心房和左、右心室）的構造與血流方向。要瞭解心傳導系的概念、組成與功能。初步瞭解心的血液供給（左、右冠狀動脈）和神經支配（交感神經和副交感神經）。

　　體循環的血管中重點掌握主動脈的分段（主動脈升部、主動脈弓、主動脈胸部和主動脈腹部）及其重要分支與供血範圍。體循環的靜脈主要掌握它的特點（與動脈對

照）和上、下腔靜脈及門靜脈系的組成與血液流向。

淋巴系統是脈管系統的一部分，可以把它看成靜脈的補充。瞭解淋巴如何生成，淋巴管以盲端的毛細淋巴管始於組織，經各級淋巴管最後由右淋巴管和胸導管分別於左、右靜脈角入血。

淋巴結和脾是重要的淋巴器官，它們的基本功能是產生淋巴細胞並進入淋巴液。

據世界心臟聯盟統計，在世界範圍內，三分之一的死因是心血管病症，成為威脅人類健康的第一殺手。為了喚起人類對心血管疾病因素（肥胖、高血壓、營養失衡、缺乏運動、吸菸和飲酒等）的關注，世界心臟聯盟把每年9月的最後一個星期天定為世界心臟日，要擁有健康的心，才能快樂地度過人生。

由於世界心臟病患者太多，因此研究人造心臟顯得十分迫切，目前人造心臟有氣動式和電動式兩大類，但人造心臟進入臨床還有很長一段路要走。

關於心臟的支架有多種功能：一是心臟的附著點，分隔心房肌和心室肌，使心房肌和心室肌收縮不同步。二是各心腔的基礎。三是各種瓣膜的附著處。此外心傳導系和血管都與心的支架密切相關。

臨床上冠狀動脈狹窄、梗塞常採用冠狀動脈造影進行確診，嚴重的冠狀動脈狹窄和梗塞可採用搭橋手術，保證心臟的血液供給。冠狀動脈粥樣硬化性心臟病，簡稱為冠心病。這種疾病關鍵在於預防，這裏不詳述。

人們在生活中，各種動脈出血不少見，這就必須掌握指壓止血法。以手指壓迫動脈破裂處的近心端進行止血是

極其重要的，如面部出血壓迫面動脈、額部出血壓迫顳淺動脈、頭頂後部出血壓迫枕動脈、肩部以下的上肢出血壓迫鎖骨下動脈、前臂以下出血壓迫肱動脈、手指出血壓迫指動脈、大腿以下出血壓迫股動脈、小腿以下出血壓迫膕動脈等。

　　在淋巴結所收集的範圍內發生感染時，常常引起淋巴結發炎的反應而發生腫大。淋巴結是網狀內皮系統的重要組成部分，分佈於全身各處，不易觸及。由於某些病理刺激，可產生過多的淋巴細胞、漿細胞、單核細胞和組織吞噬細胞，都會使局部或全身多處的淋巴結腫大，這期間不能進行體育運動。

第一節　概　述

一、脈管系統的組成

　　脈管系統為一套密閉的管道系統，包括心血管系統和淋巴系統兩部分。心血管系統由心、動脈、靜脈和毛細血管組成，其內流動的是血液；淋巴系統由淋巴管道、淋巴器官和淋巴組織組成，其管道內流動著淋巴，最後注入靜脈。

二、脈管系統的功能

　　脈管系統的主要功能是將消化管吸收的營養物質、

肺吸入的氧和內分泌腺分泌的激素運到全身各器官、組織和細胞，並將它們代謝產生的二氧化碳和其他廢物運往肺、腎和皮膚排出體外，以保證機體新陳代謝的正常進行。

三、血液循環的途徑

血液循環（圖8－1）主要包括體循環和肺循環。

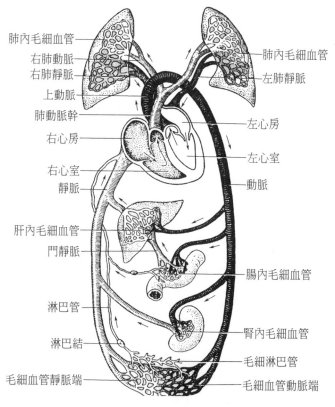

肺內毛細血管
右肺動脈
右肺靜脈
上動脈
肺動脈幹
右心房
右心室
靜脈
肝內毛細血管
門靜脈
淋巴管
淋巴結
毛細血管靜脈端

肺內毛細血管
左肺靜脈
左心房
左心室
動脈
腸內毛細血管
腎內毛細血管
毛細淋巴管
毛細血管動脈端

圖8－1　血液循環示意圖

（一） 體循環

體循環又稱大循環。左心室射血入主動脈，經各級動脈達全身各部毛細血管，在此與周圍的組織進行氣體和物質交換，變為含二氧化碳和代謝產物多的靜脈血，最後彙集成上、下腔靜脈流回右心房。

（二） 肺循環

肺循環又稱小循環。血液由右心室射出，經肺動脈及各級分支進入肺泡壁周圍毛細血管網，在此進行氣體交換，使靜脈血變成含氧豐富的動脈血，經肺靜脈流回左心房。

大、小循環途徑雖然不同，但卻是同步進行的。

第二節　心血管系統

心血管系統由心臟、動脈、靜脈和毛細血管組成。

(1) 心臟：

是心血管系統的動力器官，由節律性的收縮，像水泵一樣把從靜脈吸入的血液不斷地推送到動脈。

(2) 動脈：

是運送血液離開心的管道，在行程中不斷分支，愈分愈細，最後移行為毛細血管。動脈因承受的壓力較大，故管壁較厚。

(3) 靜脈：

是引導血液返回心的管道。起於毛細血管，在回心途中逐漸匯合變粗，最後注入心房。靜脈管壁較薄，管

腔較大，管腔內有靜脈瓣，防止其中的血液倒流。

(4) 毛細血管：

多數是連接動脈與靜脈間的微血管，分佈廣泛，幾乎遍及全身（軟骨、角膜、晶狀體、毛髮、指甲和牙釉質除外）。毛細血管的壁極薄，是血液與組織細胞間進行物質交換的場所。

一、心　臟

（一）心臟的位置和外形

(1) 位置：

心臟位於胸腔的縱隔內（兩肺之間），2/3位於正中線左側，1/3位於正中線右側，心尖朝向左前下方。

(2) 外形：

心臟大小如本人拳頭，其外形近似前後略扁倒置的圓錐體，分為心尖、心底、胸肋面、膈面、冠狀溝、前室間溝、後室間溝（圖8-2、圖8-3）。

（二）心臟各腔的形態結構

心臟由房間隔和室間隔分為左、右心房和左、右心室（圖8-4、圖8-5）。

(1) 右心房：

三個入口（上腔靜脈口、下腔靜脈口、冠狀竇口）和一個出口（右房室口）。

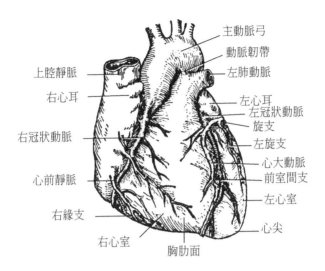

圖8-2　心臟的外形（前）

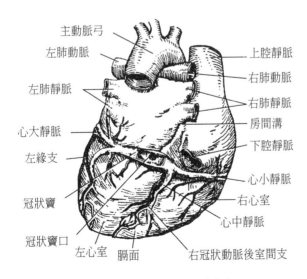

圖8-3　心臟的外形（後）

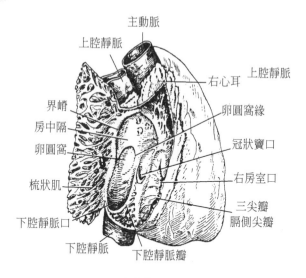

主動脈

上腔靜脈

右心耳

上腔靜脈

界嵴

房中隔

卵圓窩

梳狀肌

下腔靜脈口

下腔靜脈

下腔靜脈瓣

卵圓窩緣

冠狀竇口

右房室口

三尖瓣

膈側尖瓣

右心房

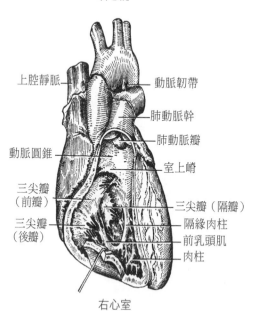

上腔靜脈

動脈韌帶

肺動脈幹

肺動脈瓣

動脈圓錐

室上嵴

三尖瓣
（前瓣）

三尖瓣
（隔瓣）

三尖瓣
（後瓣）

隔緣肉柱

前乳頭肌

肉柱

右心室

圖8－4　右心房和右心室

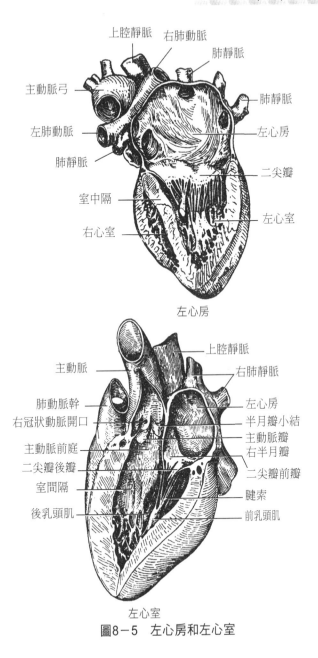

上腔靜脈　右肺動脈

肺靜脈

主動脈弓

肺靜脈

左肺動脈

左心房

肺靜脈

二尖瓣

室中隔

左心室

右心室

左心房

上腔靜脈

主動脈

右肺靜脈

肺動脈幹

左心房

右冠狀動脈開口

半月瓣小結

主動脈前庭

主動脈瓣

二尖瓣後瓣

右半月瓣

室間隔

二尖瓣前瓣

後乳頭肌

腱索

前乳頭肌

左心室

圖8－5　左心房和左心室

(2) 右心室：

一個入口為右房室口，此處有三尖瓣；一個出口為肺動脈口，此處有肺動脈瓣。

(3) 左心房：

有兩對肺靜脈入口，出口為左房室口。

(4) 左心室：

一個入口為左房室口，此處有二尖瓣；一個出口為主動脈口，此處有主動脈瓣。

（三）心壁的構造

心壁分為心外膜、心肌層和心內膜，其中心肌層最發達。心房肌和心室肌都附著於纖維環，但它們不同時收縮（詳見運動生理學）。

（四）心傳導系統

心傳導系統（圖8-6）包括竇房結、房室結、房室束及其左右束支、蒲肯野氏纖維。心傳導系是由特殊分化的心肌細胞構成。

(1)竇房結：

為心的正常起搏點，位於上腔靜脈與右心房交界處的心外膜深面。

(2)房室結：

位於右心房心內膜深面。

(3)房室束：

穿右纖維三角，沿室間隔膜部後下緣前行。

(4)左、右束支：

房室束至室間隔肌部上緣分為左、右束支分別入左、右側心內膜深面。

(5)蒲肯野氏纖維：

在心內膜下交織成網進入心肌。

心傳導系統的功能是保證心臟有節律地進行跳動。

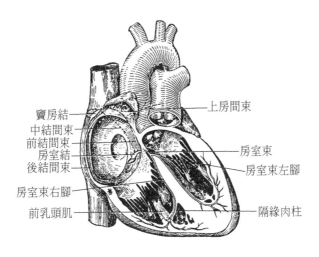

寶房結
中結間束
前結間束
房室結
後結間束
房室束右腳
前乳頭肌

上房間束

房室束
房室束左腳

隔緣肉柱

圖8-6 心傳導系統

（五）心　包

心包為包裹心和大血管根部的纖維漿膜囊，可分為纖維心包和漿膜心包兩部分。

(1) 纖維心包：

為心包外層，是纖維結締組織囊，上方與出入心的大血管外膜相移行，下方與膈中心腱癒合。

(2) 漿膜心包：

可分為臟、壁兩層。臟層覆蓋於心肌表面，即心外膜；壁層貼在纖維心包內面。臟、壁兩層在出入心的大血管根部相互移行，兩層之間的腔隙稱心包腔，內有少量漿液，起潤滑作用，可減少心搏動時的摩擦。

（六）心的血液供給

1. 心的動脈
心壁的營養由左、右冠狀動脈供應。
(1) 左冠狀動脈：
起自升主動脈起始部的左側，經左心耳與肺動脈幹起始部之間左行，立即分為前室間支和旋支。
(2) 右冠狀動脈：
起自升主動脈起始部的右側，經右心耳與肺動脈幹起始部之間右行，繞心右緣至冠狀溝後部分為兩支。一支較粗，沿後室間溝下行，為後室間支，與前室間支吻合。另一支較細，繼續左行，分佈於左心室後壁。
右冠狀動脈分支分佈到右心房、右心室、室間隔後1/3和左心室後壁的一部分，還分佈到竇房結和房室結。

2. 心的靜脈
心壁的靜脈大部分都匯入冠狀竇。冠狀竇位於冠狀溝後部左心房與左心室之間，經冠狀竇口注入右心房。
冠狀竇的屬支有三條，分別為心大靜脈、心中靜脈和心小靜脈。

二、血　管

（一）血管的特點

(1) 動脈：管壁厚，彈性大。

(2) 靜脈：管壁薄，多數有靜脈瓣。

(3) 毛細血管：管徑很小，由單層內皮細胞構成，具有很強的通透性。

（二）血管的分佈規律

1. 動　脈（圖8－7）

(1) 多位於深部或肢體屈側較隱蔽的地方。

(2) 以最短的距離到達它所分佈的器官和組織。

(3) 多與靜脈和神經幹伴行。

(4) 大多數兩側對稱，在軀幹可分為臟支和壁支。

(5) 管徑大小和配布形式與器官形態結構和功能相適應。

2. 靜　脈

(1) 可分為淺靜脈和深靜脈。深靜脈與同名動脈伴行。

(2) 在四肢的動脈常有兩條靜脈伴行。

（三）血管的吻合及側支循環

(1) 動脈間可吻合成動脈網和動脈弓。

(2) 靜脈間可吻合成靜脈網和靜脈叢。

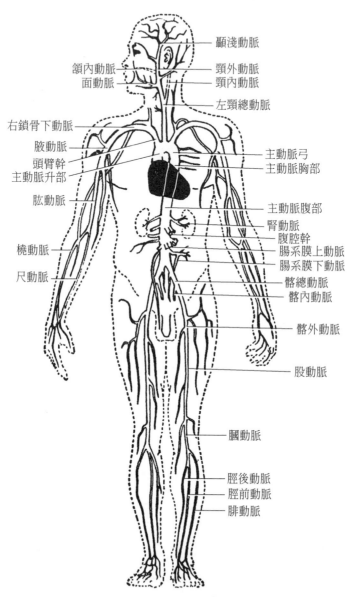

顳淺動脈

頜內動脈
面動脈

頸外動脈
頸內動脈

左頸總動脈

右鎖骨下動脈

腋動脈
頭臂幹
主動脈升部

肱動脈

主動脈弓
主動脈胸部

主動脈腹部
腎動脈
腹腔幹
腸系膜上動脈
腸系膜下動脈

橈動脈

尺動脈

髂總動脈
髂內動脈

髂外動脈

股動脈

膕動脈

脛後動脈
脛前動脈
腓動脈

圖8-7　人體的主要動脈

(3) 動靜脈吻合是在小動脈和小靜脈之間不經毛細血管借小分支直接吻合。

(4) 側副支是指與主幹平行的血管，一端起於主幹，另一端注入主幹。

(5) 側支循環是當主幹受阻時，側副支變粗大，代替主幹運送血液，形成側支循環。

（四）微循環

(1) 微循環：包括微動脈、中間微動脈、真毛細血管、直接通路和微靜脈。

(2) 微動脈：小動脈的延續分支。

(3) 中間微動脈：微動脈的分支。

(4) 真毛細血管：即一般所指的毛細血管，是微動脈和中間微動脈的分支。

(5) 通毛細血管：中間微動脈延續並直接與微靜脈相通的微細血管，故又稱直接通路。

(6) 動、靜脈吻合：是微動脈發出的分支與微靜脈直接相通的血管。

三、肺循環的血管

(1) 肺動脈：

肺動脈幹短而粗，起自右心室肺動脈口，經升主動脈前方向左後上方斜行，至主動脈弓的下方分為左、右肺動脈。

(2) 肺靜脈：

肺靜脈左、右各兩條，分別稱左肺上靜脈、左肺下靜脈和右肺上靜脈、右肺下靜脈。它們起自肺門，注入左心房。

四、體循環的血管

（一）體循環的動脈

主動脈是體循環的動脈主幹，從左心室發出，根據其行程可分為四段。

1. 升主動脈

升主動脈起自左心室，斜向右上前方，至右第二胸肋關節處移行為主動脈弓。升主動脈基部分支有左冠狀動脈、右冠狀動脈。

2. 主動脈弓

主動脈弓呈弓形彎向左後至第四胸椎下緣左側移行為降主動脈。主動脈弓的分支由右向左分別為：頭臂幹、左頸總動脈、左鎖骨下動脈。

(1) 頸總動脈：

左頸總動脈起自主動脈弓，右頸總動脈起自頭臂幹，經胸鎖關節後方，沿食管、氣管和喉外側上行，平甲狀骨上緣分頸內、外動脈。

頸動脈竇：是頸內動脈起始部的膨大，竇壁外膜內

有豐富的游離神經末梢稱為壓力感受器，可反射性地調節血壓。

頸動脈小球：在頸總動脈分杈的後方的扁圓形小體，是化學感受器，可感受血液中CO_2濃度變化的刺激，反射性地調節呼吸。

①頸內動脈：

平甲狀骨上緣自頸總動脈分出，垂直上行穿頸動脈孔入顱。

②頸外動脈：

自頸總動脈分出，初位於頸內動脈前內側，經其前方轉至外側，上行穿腮腺至下頜頸處分為顳淺動脈和上頜動脈。頸外動脈沿途發出甲狀腺上動脈、舌動脈和面動脈等，分支分佈於頸部和頭面部（眼和腦除外）。

(2) 鎖骨下動脈（圖8－8）：

左側起自主動脈弓，右側起自頭臂幹，經胸鎖關節後方至第一肋外緣續腋動脈。

(3) 腋動脈：

行於腋窩深部，至大圓肌下緣移行為肱動脈。腋動脈沿途發出分支分佈於肩部和胸壁。

(4) 肱動脈：

沿肱二頭肌內側下行至肘窩，平橈骨頸平面分為橈動脈和尺動脈。

(5) 橈動脈：

先經肱橈肌和旋前圓肌之間，繼而在肱橈肌腱和橈側腕屈肌腱之間下行，繞橈骨莖突至手背，穿第一掌骨間隙至手掌。

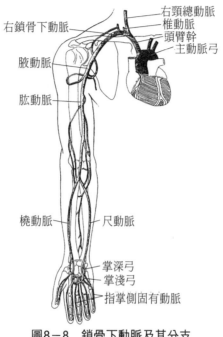

右頸總動脈
椎動脈
右鎖骨下動脈
頸臂幹
主動脈弓
腋動脈
肱動脈

橈動脈 ─── 尺動脈

掌深弓
掌淺弓
指掌側固有動脈

圖8－8　鎖骨下動脈及其分支

(6) 尺動脈：

在尺側腕屈肌與指淺屈肌之間下行，經豌豆骨橈側至手掌。

3. 胸主動脈

胸主動脈沿脊柱左前方下行，達第十二胸椎高度穿膈的主動脈裂孔，移行為腹主動脈。壁支主要分佈到胸、腹壁的肌肉和皮膚。

4. 腹主動脈

腹主動脈在膈肌的主動脈裂孔續胸主動脈,沿腰椎體的前方下降,到第四腰椎體下緣處分為左、右髂總動脈。腹主動脈的右側與下腔靜脈伴行。

腹主動脈的主要分支有成對和不成對的分支。不成對的分支主要有:

(1) 腹腔幹:

為一短幹,分為胃左動脈、肝總動脈和脾動脈三支,主要分佈到胃、肝、膽、脾、胰、十二指腸和食管的腹腔段。

(2) 腸系膜上動脈:

在腹腔幹起始處的下方起自腹主動脈的前壁,進入小腸系膜根內,分支分佈到十二指腸至橫結腸和胰頭。

(3) 腸系膜下動脈:

在第三腰椎水平起自腹主動脈的前壁。其分支分佈到降結腸、乙狀結腸和直腸的上、中部。

成對的分支有:

(1) 腎上腺中動脈:

左右各一,起自腹主動脈,向外行,分佈到左、右腎上腺。

(2) 腎動脈:

左右各一,自腹主動脈發出,向外行,到腎門分4～5支進入腎內。

(3) 睪丸動脈:

細而長,在壁腹膜後方沿腰大肌前面下降,進入腹股溝管,參與精索的組成,下行入陰囊分佈到睪丸和附

睪。女性為卵巢動脈，在卵巢懸韌帶內下行，分支到卵巢和輸卵管。

5. 髂總動脈

髂總動脈（圖8－9）左右各一，在平第四腰椎高度腹主動脈分出左、右髂總動脈，每側髂總動脈在髂關節處分為髂內動脈和髂外動脈。

(1) 髂內動脈：

為一短幹，下行入盆腔，可分為臟支和壁支。

(2) 髂外動脈：

經髂總動脈發出後，沿腰大肌的內側下降，經腹股溝韌帶的深面到大腿的前面移行為股動脈。

(3) 股動脈：

在腹股溝中點腹股溝韌帶深面接髂外動脈，其內側有股靜脈，外側有股神經伴行。在大腿中、下1/3交接處，股動脈穿大收肌至膕窩，名為膕動脈。

(4) 膕動脈：

在膕窩深部下行，到膕窩下角處分為脛前動脈和脛後動脈。膕動脈分支分佈於膝關節和附近諸肌。

(5) 脛後動脈：

為膕動脈的終支之一，沿小腿後群肌淺、深層之間下行，經內踝後方入足底，分為足底內側動脈和足底外側動脈。脛後動脈分支分佈於小腿肌後群、外側群和足底肌。

(6) 脛前動脈：

為膕動脈另一終支，向前穿小腿骨間膜上端，在小

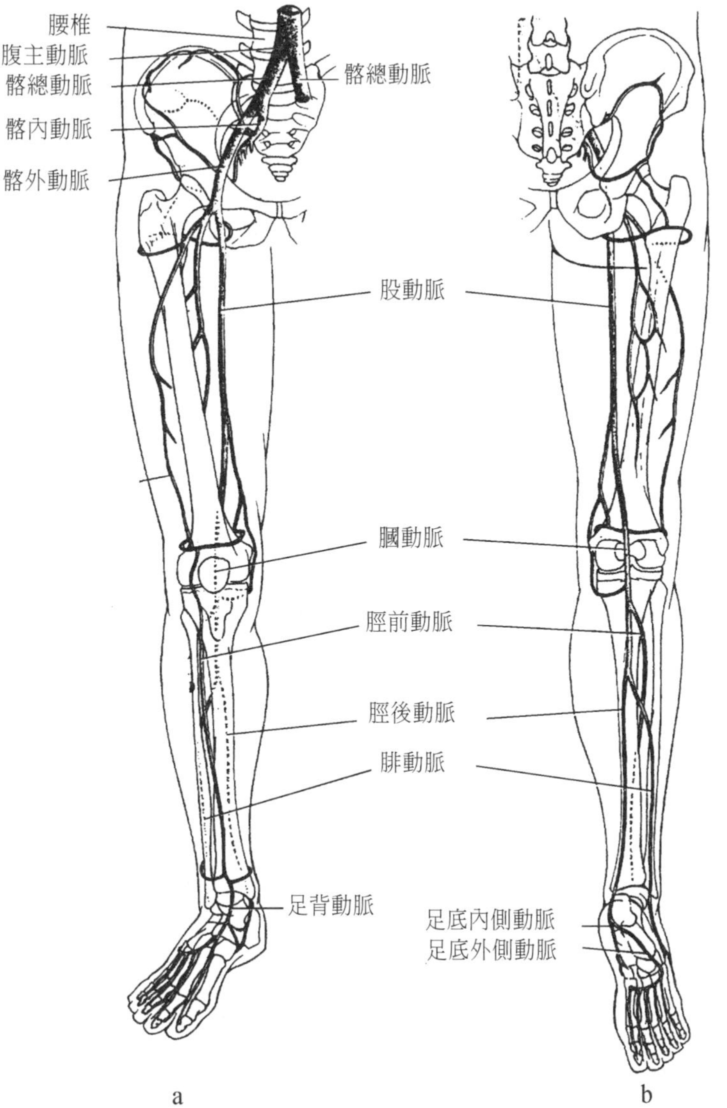

腰椎
腹主動脈
髂總動脈
髂內動脈
髂外動脈
髂總動脈
股動脈
膕動脈
脛前動脈
脛後動脈
腓動脈
足背動脈
足底內側動脈
足底外側動脈

a

b

圖8－9　髂總動脈及其分支

腿肌前群之間下行，至踝關節前方移行為足背動脈。脛
前動脈分支分佈到小腿肌前群。

（二）體循環的靜脈

靜脈的特點包括：是送血液回心的血管，起於毛細
血管，管壁薄、彈性小、管腔大、壓力低、流速慢、屬
支多、吻合多，總容積較動脈多一倍；有靜脈瓣，有利
於靜脈血向心回流；分淺、深兩類，淺靜脈位於淺筋膜
內（又稱皮下靜脈），深靜脈與動脈同名並與其伴行；
特殊結構的靜脈有硬腦膜竇、板障靜脈。

全身的靜脈可分為肺循環的靜脈和體循環的靜脈
（圖8－10）。

1. 肺循環靜脈系

肺靜脈左、右兩條，分別稱左肺上靜脈、左肺下靜
脈和右肺上靜脈、右肺下靜脈。它們起自肺門，注入左
心房。

2. 體循環靜脈系

體循環靜脈系包括上腔靜脈系、下腔靜脈系和門靜
脈系。

(1) 上腔靜脈系：

由上腔靜脈及其屬支組成，收集頭頸部、上肢和胸
部（心和肺除外）等上半身靜脈血。

①頭臂靜脈：由頸內靜脈和鎖骨下靜脈在胸鎖關節
的後方匯合而成，匯合處向外的夾角稱靜脈角，有右淋

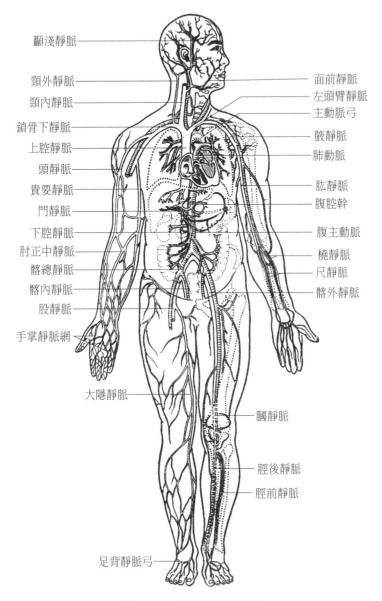

顳淺靜脈

頸外靜脈

頸內靜脈

鎖骨下靜脈

上腔靜脈

頭靜脈

貴要靜脈

門靜脈

下腔靜脈

肘正中靜脈

髂總靜脈

髂內靜脈

股靜脈

手掌靜脈網

大隱靜脈

面前靜脈

左頭臂靜脈

主動脈弓

腋靜脈

肺動脈

肱靜脈

腹腔幹

腹主動脈

橈靜脈

尺靜脈

髂外靜脈

膕靜脈

脛後靜脈

脛前靜脈

足背靜脈弓

圖8-10 全身靜脈模式圖

巴導管和胸導管注入。

②頸內靜脈：於頸靜脈孔處續於乙狀竇，在頸動脈鞘內下行於頸內動脈和頸總動脈的外側，至胸鎖關節的後方與鎖骨下靜脈匯合。

③鎖骨下靜脈：於第一肋的外緣續於腋靜脈，向內行於同名動脈的前內側，至胸鎖關節的後方與頸內靜脈匯合。

④上肢靜脈：包括淺靜脈和深靜脈。淺靜脈包括頭靜脈、貴要靜脈和肘正中靜脈。

頭靜脈：起自手背靜脈網的橈側，沿前臂的橈側、肘部的前面、肱二頭肌外側溝上行，經三角肌和胸大肌肌間溝至鎖骨下方穿深筋膜注入腋靜脈或鎖骨下靜脈。

貴要靜脈：起自手背靜脈網的尺側，沿前臂的尺側上行，至肘部轉至前面，經肱二頭肌內側溝上行至臂中點平面，穿深筋膜注入肱靜脈或伴肱靜脈上行注入腋靜脈。

肘正中靜脈：連於頭靜脈和貴要靜脈之間。

上肢的深靜脈按血流方向和順序有：橈、尺靜脈→肱靜脈→腋靜脈→鎖骨下靜脈。

(2) 下腔靜脈系：

由下腔靜脈及其屬支組成。

①下腔靜脈由左、右髂總靜脈平第四、五腰椎右前方合成，沿腹主動脈右側、脊柱右前方上行，經肝的腔靜脈溝，穿膈的腔靜脈孔入胸腔，穿纖維心包注入右心房。

②髂總靜脈在髂關節前方由髂內靜脈和髂外靜脈匯合而成。

③下肢的淺靜脈包括大隱靜脈和小隱靜脈。

大隱靜脈：在足內側緣起自足背靜脈弓，經內踝前方，沿小腿內側、膝關節內後方、大腿內側面上行，至恥骨結節外下方3～4公分處穿闊筋膜的隱靜脈裂孔，注入股靜脈。

小隱靜脈：在足外側緣起自足背靜脈弓，經外踝後方，沿小腿後面上行，至膕窩下角穿深筋膜注入膕靜脈。

④下肢的深靜脈按照血流方向和順序，由脛前、後靜脈匯合成：膕靜脈→股靜脈。

(3) 門靜脈系：

由門靜脈及其屬支組成（圖8－11）。門靜脈由脾靜脈與腸系膜上靜脈在胰頸後方合成，收集腹腔內所有不成對內臟器官（肝除外）的血液由肝門入肝。

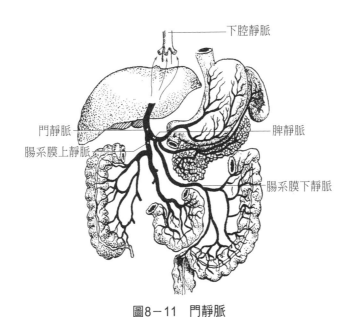

圖8－11　門靜脈

第三節 淋巴系統

淋巴系統為協助體液回流的輔助裝置。淋巴系統包括淋巴管和淋巴器官。淋巴管道內的無色透明液體稱為淋巴液。

一、淋巴的生成

淋巴系統是脈管系統的重要組成部分,由各級淋巴管道、淋巴器官和散在的淋巴組織構成。組織內毛細血管中的血漿滲透到組織內,形成組織液,而後組織液滲入毛細淋巴管內,則形成了淋巴,再通過淋巴器官,加上淋巴細胞,即為完整的淋巴(圖8－12)。

二、淋巴管道

淋巴管道可分為毛細淋巴管、淋巴管、淋巴幹和淋巴導管四級。

1. 毛細淋巴管

毛細淋巴管是淋巴管道的起始段,位於組織間隙內,以膨大的盲端起始,彼此吻合成網。管壁非常薄,僅由單層內皮細胞構成。相鄰的內皮細胞之間的連接間隙較大,因此毛細淋巴管比毛細血管通透性大,蛋白質、異物和細菌等大分子物質容易進入毛細淋巴管。

2.淋巴管

淋巴管由毛細淋巴管彙集而成，在全身各處分佈廣泛，根據走行位置可分為淺淋巴管和深淋巴管。

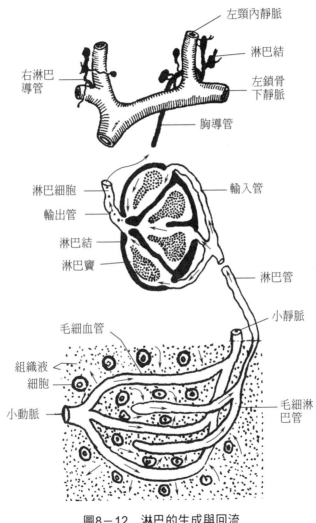

圖8-12　淋巴的生成與回流

3.淋巴幹

淋巴管在向心回流途中逐漸匯合形成較粗大的淋巴幹（圖8－13）。全身共有9條淋巴幹，它們是左、右頸幹，左、右鎖骨下幹，左、右支氣管縱隔幹，左、右腰幹和單個的腸幹。

4. 淋巴導管

全身9條淋巴幹最終分別匯合成兩條淋巴導管（圖8－13）：胸導管和右淋巴導管。

(1) 胸導管：

是全身最粗大的淋巴管道，長30～40公分。胸導管起始於第一腰椎前方的乳糜池，乳糜池由左、右腰幹和腸幹匯合而成。胸導管自乳糜池上行，經膈的主動脈裂孔入胸腔，沿脊柱左側緣繼續上行，注入左靜脈角。在注入靜脈角前，胸導管還要接收左頸幹、左鎖骨下幹和左支氣管縱隔幹的淋巴。

收納範圍：胸導管通過6條淋巴幹和某些散在的淋巴管，收集下半身和上半身左側半（全身3/4部位）的淋巴。

(2) 右淋巴導管：

由右頸幹、右鎖骨下幹和右支氣管縱隔幹匯合而成，注入右靜脈角，收納上半身右側半（約占全身1/4部位）的淋巴。

三、淋巴器官

淋巴器官包括淋巴結、扁桃體、脾和胸腺，這裏主

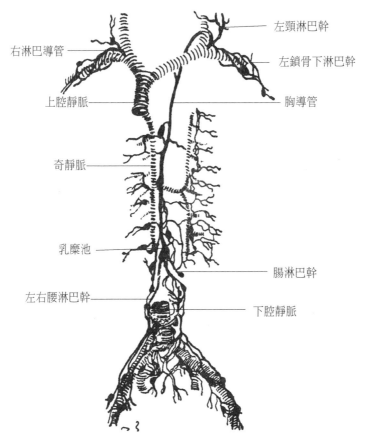

右淋巴導管

左頸淋巴幹

左鎖骨下淋巴幹

上腔靜脈

胸導管

奇靜脈

乳糜池

腸淋巴幹

左右腰淋巴幹

下腔靜脈

圖8－13 淋巴幹和淋巴導管

要介紹淋巴結、脾和胸腺。

（一）淋巴結

　　淋巴結是淋巴管向心回流途中的必經器官，為灰紅色橢圓形或圓形小體，大小不等。淋巴結一側隆凸，一

側凹陷，凹陷處稱為淋巴結門，是淋巴結的血管、神經出入之處。淋巴結的周圍有淋巴管與之相連，與凸側面相連的淋巴管稱輸入淋巴管，從淋巴結門出來的淋巴管稱輸出淋巴管，將淋巴結過濾後的淋巴運出淋巴結。

淋巴結多聚集成群，以深筋膜為界可將淋巴結分為淺、深兩種，淺淋巴結位於淺筋膜內，深淋巴結位於深筋膜深面。淋巴結多沿血管排列，位於關節的屈側和身體的隱蔽部位。

（二） 胸　腺

胸腺是淋巴器官並兼有內分泌功能。

1.胸腺的位置

胸腺位於胸骨柄後方、上縱隔前部、心包前上方，有時可向上突入到頸根部。

2. 胸腺的形態

胸腺一般分為不對稱的左、右兩葉，質柔軟，呈長扁條狀，兩葉間借結締組織相連。胸腺有明顯的年齡變化，新生兒及幼兒的胸腺相對較大，青春期後逐漸萎縮退化，被結締組織代替。

3. 胸腺的功能

胸腺的主要功能是培育、選擇及向周圍淋巴器官（淋巴結、脾和扁桃體）和淋巴組織輸送T淋巴細胞參與機體的免疫反應。

（三）脾

　　脾（圖8－14）是最大的淋巴器官，具有儲血、造血、清除衰老紅細胞和進行免疫反應等功能。

　　脾位於左季肋區胃底與膈之間第9～11肋深面，其長軸與第10肋一致，前端可達腋中線。正常在肋弓下不應觸及。其位置可隨呼吸及體位的不同而有變化。

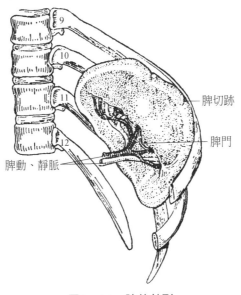

圖8－14　脾的外形

第四節　體育運動對脈管系統的影響

　　經常運動的青少年，其心臟直徑的平均尺寸比一般不參加體育鍛鍊的青少年的大。心臟的運動性肥大是一

種正常的生理現象，說明它有極大的潛在收縮力量。一般經過幾個月以上的系統體育鍛鍊，心臟就逐漸出現肥大趨向，如果長時間地停止鍛鍊，心臟的運動性肥大也會逐漸消失。

運動員和非運動員在進行同種程度運動量不大的活動時，運動員心跳頻率增加不多，而非運動員卻顯著增加。在進行最大強度運動時，運動員心跳頻率每分鐘能增加到 200～220 次，而缺乏鍛鍊的人，當心跳達到每分鐘 180 次時，就已不能很好地耐受，會發生面色蒼白、噁心、嘔吐等。經常運動能增加心臟輸血機能的潛在儲備力量。

顯然，運動員輸血機能的儲備力量比一般人要大得多。心臟每分鐘最大輸血量是影響肌肉活動獲得氧氣多少的主要因素，因此要保持心臟長久跳動有力，提高工作效率，只有經常參加鍛鍊才能獲得。

復習與思考

（1）說說你對以下名詞：血液循環、大循環、小循環、動脈、靜脈、動脈血和靜脈血的理解。

（2）試述肺循環和體循環的主要途徑。

（3）心臟各腔有哪些瓣膜和出、入口？

（4）試述動脈、毛細血管、靜脈的構造特點。

（5）闡述體育鍛鍊對脈管系統的影響。

人體運動的調控體系

- 神經系統

- 內分泌系統

- 感覺器

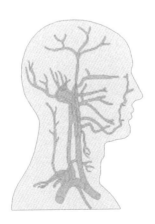

第九章　神經系統

學習要求

(1) 掌握神經系統的功能和組成。

(2) 熟悉神經系統的區分及活動方式，掌握反射的概念和反射弧的組成。

(3) 瞭解灰質、皮質、神經核、神經節、白質、神經、神經束、網狀結構和傳導通路等神經系統的基本概念。

(4) 熟悉脊髓的位置和外形。

(5) 掌握脊髓的內部結構和功能。

(6) 熟悉腦幹的位置、外形、構造和功能。

(7) 瞭解丘腦的位置與主要功能。

(8) 熟悉小腦的位置、外形、構造和功能。

(9) 熟悉大腦的外形（溝、裂、葉與幾個基本中樞）和構造。

(10) 掌握本體感覺傳導通路和錐體系。

(11) 熟悉12對腦神經的名稱和主要功能。

(12) 熟悉脊神經的組成與4個神經叢的主要分支。

(13) 瞭解交感和副交感神經的特徵與功能。

知識點與應用

　　神經系統是人體的九大系統之一，它是一個完整的統一體，對人體其他系統進行支配與調節，因此，在人體九大系統中起著主導的作用。神經系統的基本組成（神經元和神經膠質細胞）是瞭解神經系統的基礎知識。神經系統是一個完整的統一體，為了學習和研究的方便，人為將其分為中樞神經系統（脊髓和腦）和周圍神經系統（12對腦神經、31對脊神經和自主神經）兩大部分。

　　神經系統活動的基本方式是反射，機體對體內、外刺激所進行的反應，都叫反射。完成任何反射活動（複雜和簡單）必須具備完整的反射弧，它由感受器、傳入神經、中樞、傳出神經和效應器5個部分組成。

　　要瞭解神經系統的全部內容，對什麼是灰質、皮質、神經核、神經節、白質、神經束、神經和網狀結構等基本概念必須熟練掌握。

　　中樞神經系統中，重點掌握脊髓的位置、外形、內部結構與功能；腦幹的組成，各部分的位置、外形、內部構造與功能；間腦和小腦的位置、構造與功能；大腦的外形、主要溝裂、分葉、內部結構和什麼是大腦皮質機能定位（掌握幾個重要中樞）。

　　周圍神經系統中重點掌握12對腦神經的名稱、位置、分佈與主要功能；31對脊神經的大部分前支組成了4個神經叢（頸叢、臂叢、腰叢、骶叢）及其重要分支；自主神經的概念、交感神經與副交感神經的低級中樞部

位、結構與功能特點。

　　此外，對神經傳導通路（感覺與運動）應有所瞭解。

　　人類大腦在長期進化和發育過程中，結構與功能都得到了高度的發展，人的大腦已成為思維的器官，而且左、右大腦半球發育呈現不對稱性，右大腦是優勢半球。美國斯佩里教授證實了大腦左、右不對稱性，曾榮獲1981年度的諾貝爾醫學生理學獎。

　　人的左側大腦半球與語言、思維、邏輯、數學分析緊密相關。而右側大腦半球主要感受非語言信息、音樂、圖形和時空概念等，但總的來說，它們共同完成高級複雜的神經活動過程。

　　蒼白球為舊紋狀體，豆狀核的殼和尾狀核組成新的紋狀體，它們都是錐體外系的高級部位。當舊紋狀體受傷時，可出現震顫麻痺症，表現為運動減少、肌張力亢進、肌肉強直、表情呆板、動作遲緩。當新紋狀體受損時，表現為動作過度，出現不隨意動作，如手足徐動症和舞蹈症。

　　進行體育運動雖然很累，但卻是一種積極的休息方式。適當地運動，由於運動中樞興奮，有助於消除大腦疲勞。所以，學校很重視學生的早操和課間操以及課外活動。運動能改善不良情緒，使人們心情愉快，還可以有效地預防和治療神經緊張、失眠、煩躁及憂鬱症。

　　自主神經包括交感神經和副交感神經兩部分。它們在功能上對器官有雙重神經支配和對立統一的特點，這就是說一個器官既要受交感神經支配，還要受副交感神經支配，而且功能是對立統一的。

如交感神經系統對心血管的活動是加快、加強的，但副交感神經系統則是使心血管活動減慢、減弱的。又如副交感神經系統使消化系統功能加快、加強，而交感神經系統對消化系的作用則相反。

根據這一特點，劇烈運動結束之後不要馬上進餐，應該休息 30～40 分鐘後再進餐。因為劇烈運動雖然停下來了，但其他系統活動仍然處於較高的水準，如心跳較快、呼吸急而深，這時消化系統被抑制，無食慾，只有休息一會兒之後，才會有食慾。同樣的道理，吃飽飯之後，不應馬上進行劇烈的運動，應休息 1.5～2 小時後再進行劇烈運動，這樣才有利於健康。

第一節　神經系統概述

一、神經系統的地位與功能

神經系統包括中樞神經系統和周圍神經系統，它在人體各個器官系統中起主導作用。一方面它控制與調節各器官、系統的活動，使人體成為一個統一的整體。另一方面透過神經系統的分析與綜合，使機體對環境變化的刺激做出相應的反應，達到人體與環境的統一。如人在從事體育活動時，除了骨骼肌的強烈收縮外，同時還會出現呼吸的加深加快、汗腺分泌加強、心跳加速、消化和泌尿系統受到抑制等一系列的變化，以適應機體此時活動代謝增強的需要。這些都是在神經系統的控制下

完成的。

　　神經系統在控制和調節機體的活動過程中，首先借助各種感受器接受內、外環境的各種資訊，然後由周圍神經傳遞到腦和脊髓的各級中樞進行整合，再經周圍神經傳到各種效應器，從而達到控制和調節全身各個器官系統的活動。

　　神經系統的功能活動非常複雜，概括起來包括三個方面：協調、適應與思維及意識活動。人類的神經系統是經過長期的進化而獲得的。人的大腦的高度發展，使大腦皮質成為控制整個機體功能的最高級部位，並具有思維、意識等功能。

二、神經系統的組成

　　神經系統是由神經細胞（神經元）和神經膠質細胞所組成。

1. 神經細胞

　　神經細胞即神經元，是一種高度特化的細胞，是神經系統的基本結構和功能單位，它具有感受刺激和傳導興奮的功能。神經元由胞體和突起兩部分構成。胞體的中央有細胞核，核的周圍為細胞質，胞質內除有一般細胞所具有的細胞器外，還含有特有的神經原纖維及尼氏體。神經元的突起根據形狀和機能又分為樹突和軸突。樹突較短但分支較多，它接受衝動，並將衝動傳至細胞體，每個神經元只發出一條軸突，長短不一，胞體發出

的衝動則沿軸突傳出。

根據突起的數目，可將神經元從形態上分為假單極神經元、雙極神經元和多極神經元三類。根據神經元的功能，可分為感覺神經元、運動神經元和聯絡神經元。

感覺神經元又稱傳入神經元，一般位於外周的感覺神經節內，為假單極或雙極神經元，感覺神經元的周圍突接受內外界環境的各種刺激，經胞體和中樞突將衝動傳至中樞；運動神經元又名傳出神經元，一般位於腦、脊髓的運動核內或植物神經節內，為多極神經元，它將衝動從中樞傳至肌肉或腺體等效應器；聯絡神經元又稱中間神經元，是位於感覺和運動神經元之間的神經元，起著聯絡、整合的作用。

2. 神經膠質細胞

神經膠質細胞較神經元多，胞體較小，胞漿中無神經原纖維和尼氏體，不具有傳導衝動的功能，起著支持、絕緣、營養和保護的作用。

3. 突　觸

神經元間聯繫方式是互相接觸，而不是細胞質的互相溝通。該接觸部位的結構特化稱為突觸，通常是一個神經元的軸突與另一個神經元的樹突或胞體借突觸發生機能上的聯繫，神經衝動由一個神經元通過突觸傳遞到另一個神經元，為單向傳導。

三、神經系統的區分

雖然神經系統在形態上和機能上都是不可分割的完整的整體，但為了學習方便，可按其所在部位和功能，將其分為中樞和周圍兩部分。

（一）中樞部

中樞部又稱為中樞神經系統，包括位於顱腔內的腦和位於椎管內的脊髓。

（二）周圍部

周圍部又稱為周圍神經系統，包括與腦相連的12對腦神經和與脊髓相連的31對脊神經。周圍神經一端連著腦和脊髓，另一端連著它們所分佈的器官。

四、神經系統的活動方式

神經系統活動的基本方式是反射。反射是指神經系統在調節機體的活動中，對內、外環境的刺激所做出的適當反應。

反射一般可分為非條件反射和條件反射兩種。不論是哪種反射活動，都必須由反射弧才能實現。

反射弧（圖9-1）是反射活動的形態學基礎，即反射活動所經過的神經通路，包括5個環節：感受器→傳入神經元（感覺神經元）→神經中樞→傳出神經元（運動神

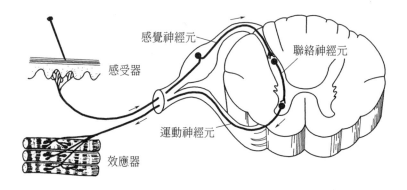

感覺神經元

感受器

聯絡神經元

運動神經元

效應器

圖9－1　反射弧模式圖

經元）→效應器（肌肉、腺體）。只有在反射弧完整的
情況下，反射才能完成。

五、幾個基本概念

（一）灰質和白質

在中樞神經系統內，由大量的神經元胞體和樹突集
聚而形成的結構，稱為灰質，在新鮮標本中，顏色較灰
暗，如小腦和大腦表面的灰質、脊髓內的灰質。小腦和
大腦表面的灰質，又稱為皮質。

在中樞神經系統內，由大量功能不同的有髓鞘神經
纖維束集聚而形成的結構，稱為白質，在新鮮標本中呈
白色，如小腦、大腦和脊髓內的白質。

（二）神經和神經束

在周圍神經系統中，由許多神經纖維聚集而成束，稱為神經，如腦神經、脊神經、脛神經和尺神經等。在中樞神經系統中，由許多起、止和功能相同的神經纖維集聚而成的束，稱為神經束，或稱傳導束，如脊髓丘腦束、錐體束等。

（三）神經節和神經核

在周圍神經系統中，由形態、功能相同的神經元胞體聚集而成的團塊，形狀略膨大，稱為神經節，如自主神經節、脊神經節等。

在中樞神經系統中，由形態、功能相同的神經元胞體和樹突聚集而成的團塊，稱為神經核，如大腦內的尾狀核、豆狀核和小腦內的頂核、齒狀核等。

（四）網狀結構

在中樞神經系統中，灰質和白質相混雜，灰質散佈在神經纖維交織成的網眼中，這種構造稱為網狀結構，如腦幹和脊髓內的網狀結構。

（五）傳導通路

傳導神經衝動的通路稱為傳導通路，其中傳入的神經通路稱為感覺傳導通路，傳出的神經通路稱為運動傳導通路（包括錐體系和錐體外系）。

第二節　中樞神經系統

一、脊　髓

脊髓的正常功能活動是在腦的控制下完成的。脊髓是中樞神經系的低級中樞，它發出的脊神經與四肢軀幹相聯繫，內部以傳導束（神經束）與腦的各級中樞廣泛聯繫。若脊髓受損時，各高級中樞與末梢器官的聯繫就會中斷。

（一）脊髓的位置與外形

脊髓位於椎管內，呈前後略扁的圓柱形（圖9-2），上端在枕骨大孔處與延髓相連，下端變細呈圓錐狀，稱脊髓圓錐。成人圓錐末端一般平第一腰椎下緣，新生兒平第三腰椎。由脊髓圓錐末端向下延為細長的終絲，成人脊髓長40～50公分，兩側向椎間孔方向發出脊神經。與每對脊神經前、後根相連的一段脊髓，稱一個脊髓節，因此，脊髓有與脊神經相應的31個脊髓節，即8個頸節（C）、12個胸節（T）、5個腰節（L）、5個骶節（S）和1個尾節（Co）。

在發育過程中，由於脊髓落後于椎管的生長，二者的長度不相等。因此，腰、骶、尾各脊髓節的神經根在未出相應的椎間孔之前，在椎管內垂直下行一段距離再通向相應的椎間孔。這些在椎管內垂直下行的腰、骶、

尾脊神經根，圍繞終絲形成了馬尾。

　　脊髓表面有6條平行的縱溝，前面正中的一條深溝稱前正中裂，後面正中的一條淺溝稱後正中溝。在前正中裂和後正中溝的兩側，分別有成對的前外側溝和後外側溝。在前、後外側溝內有成排的脊神經根絲出入。脊神經前根出前外側溝，脊神經後根入後外側溝。後根上均有膨大的脊神經節。

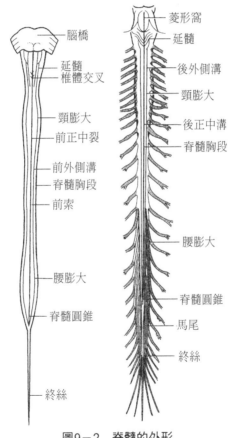

腦橋
延髓
椎體交叉
頸膨大
前正中裂
前外側溝
脊髓胸段
前索
腰膨大
脊髓圓錐
終絲

菱形窩
延髓
後外側溝
頸膨大
後正中溝
脊髓胸段
腰膨大
脊髓圓錐
馬尾
終絲

圖9-2　脊髓的外形

（二）脊髓的構造

脊髓各個節段的構造特點雖然不盡相同，但總體特徵是一致的。在脊髓橫切面上，中央管位於斷面中心，其周圍是「H」型的灰質區（圖9-3），灰質的外部是白質。

1. 灰　質

在橫切面上呈「H」字形，左右對稱，其中央有中央管，縱貫脊髓全長，在中央管前、後方的灰質稱灰質聯合。每側灰質前部擴大，稱前角。後部細窄，稱後角。前、後角之間稱中間帶。中間帶從第一胸節到第三腰節向外側突出，稱側角。前、後、側角在脊髓內上下連續縱貫成柱，又分別稱前柱、後柱和側柱。

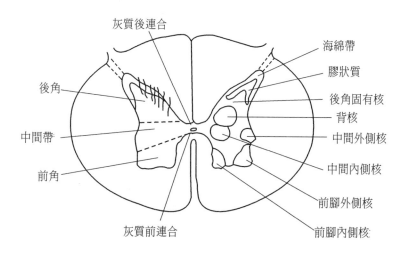

圖9-3　脊髓灰質的橫切面

(1) 前角：

主要由運動神經元組成，是低級運動中樞。其軸突從脊髓的前外側溝走出，形成脊神經前根，支配軀幹、四肢骨骼肌的運動。

(2) 中間帶：

包括內、外側兩個核群。第一胸節至第三腰節的中間帶向外側突出的部分內含中、小型多極神經元，是交感神經的低級中樞。位於骶髓2～4節段中間帶外側部有副交感神經元，它們都是自主神經的低級中樞。

(3) 後角：

內含多極神經元，主要接受由脊神經後根傳入的各種感覺衝動，包括軀體感覺和內臟感覺。其神經元的軸突有兩個去向，一些軸突進入對側或同側的白質形成上行纖維束，將脊神經後根傳入的感覺衝動傳導到腦；一些軸突在脊髓內起著節段內或節段間的聯絡作用。

2. 白　質

白質位於灰質的外部，主要由上行（感覺）和下行（運動）有髓鞘神經纖維組成，每側白質借脊髓的縱溝分成前、側、後3個索（圖9-4）。前正中裂與前外側溝之間，稱前索；前、後外側溝之間，稱外側索；後外側溝與後正中溝之間，稱後索。各索中的白質，主要由許多縱行的有髓神經纖維束構成。

(1) 前索：

是下行運動性傳導束。在前正中裂兩側有支配骨骼肌運動的皮質脊髓前束。

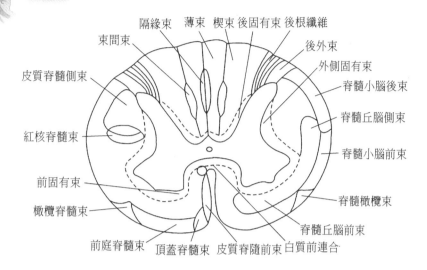

束間束　隔緣束　薄束　楔束　後固有束　後根纖維
皮質脊髓側束　　　　　　　　　　　　　後外束
　　　　　　　　　　　　　　　　　　　外側固有束
　　　　　　　　　　　　　　　　　　　脊髓小腦後束
　　　　　　　　　　　　　　　　　　　脊髓丘腦側束
紅核脊髓束　　　　　　　　　　　　　　脊髓小腦前束
前固有束　　　　　　　　　　　　　　　脊髓橄欖束
橄欖脊髓束　　　　　　　　　　　　　　脊髓丘腦前束
前庭脊髓束　頂蓋脊髓束　皮質脊隨前束　白質前連合

圖9-4　脊髓傳導束的位置示意圖

(2) 外側索：

是混合性纖維束，既有上行的也有下行的傳導束。前部有傳導溫覺、痛覺、觸覺和壓覺的脊髓丘腦束；後部有支配骨骼肌運動的皮質脊髓側束。

(3) 後索：

是上行的感覺性傳導束，外側為楔束，內側為薄束。胸中部以上脊神經節中假單極神經元的中樞突組成楔束，傳導精細觸覺和本體感覺；胸中部以下脊神經節中假單極神經元的中樞突組成薄束。

（三）脊髓的功能

脊髓是中樞神經系統的重要組成部分，其活動受腦的控制，具有傳導和反射的功能。

1. 傳導功能

白質中的上行（感覺）和下行（運動）纖維束是完成傳導功能的結構。當脊髓損傷時，就會使感覺和運動發生障礙。

2. 反射功能

脊髓可完成一些簡單的反射活動，但也受腦活動的影響，包括軀體反射和內臟反射。

(1) 軀體反射：可分深、淺兩種。

①牽張反射（或腱反射）：是深反射，當牽拉骨骼肌時，肌肉的感受器受到刺激，反射性地引起該肌肉的收縮，稱為牽張反射。

②屈肌反射：是淺反射，當皮膚受到刺激時，受刺激肢體的屈肌反射性收縮，稱為屈肌反射。

(2) 內臟反射：

脊髓能調節血管的收縮和舒張，並具有排便、排尿與勃起反射活動的低級中樞。

二、腦

腦位於顱腔內，是中樞神經系統的主要組成部分，是人體的控制中樞，其形態和功能均較脊髓複雜。它由大腦、小腦、間腦、中腦、腦橋和延髓6個部分組成。

中腦、腦橋和延髓三部分合稱為腦幹。腦內有腔隙，稱為腦室。左右大腦半球內各有一側腦室，間腦內的裂隙稱為第三腦室，腦橋、延髓和小腦之間為第四腦

室，向下與脊髓中央管連結，它們共同構成了腦室系統，內容腦脊液，中腦有一細管稱為中腦水管。

成年男性腦重約為 1375 克，成年女性腦重約為 1305 克。在正常範圍內，人腦的重量可有明顯的個體差異，但不能單純地以此差異來衡量人智力的高低。與動物相比較，人腦的高度發達主要表現在大腦皮質的面積增大，皮質各層細胞的分化程度高並且構築嚴密，這是人類高級神經活動的物質基礎。

（一）腦　幹

1. 腦幹的組成、位置與外形

(1) 腦幹的組成和位置

腦幹上承大腦半球，下連脊髓，呈不規則的柱狀形，自上而下由中腦、腦橋和延髓三部分組成。中腦和間腦相接，延髓尾端與脊髓相接。延髓和腦橋恰臥於顱底的斜坡上。

(2) 腦幹的外形

①腦幹的腹側結構（圖9-5）：在延髓的正中裂處，有左右交叉的纖維，稱為錐體交叉，是延髓和脊髓的分界。正中裂的兩側有縱行的由皮質脊髓束（或錐體束）所構成的隆起，稱為錐體。腦橋的下端以橋延溝與延髓分界，上端與中腦的大腦腳相接。

延髓的外形：位於枕骨大孔至延髓腦橋溝之間。有錐體、錐體交叉，還有舌下神經、舌咽神經、迷走神經和副神經發出。

腦橋的外形：有腦橋基底部、腦橋基底溝、腦橋

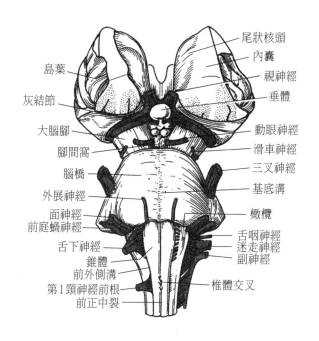

尾狀核頭
內囊
視神經
垂體
島葉
灰結節
大腦腳
腳間窩
腦橋
外展神經
面神經
前庭蝸神經
舌下神經
錐體
前外側溝
第1頸神經前根
前正中裂
動眼神經
滑車神經
三叉神經
基底溝
橄欖
舌咽神經
迷走神經
副神經
椎體交叉

圖9-5　腦幹腹面觀

臂，還有三叉神經根、展神經、面神經和前庭蝸神經發出。

中腦的外形：以視束與間腦分界，有大腦腳、腳間窩，前面還有動眼神經從腳間窩發出。

②腦幹背側面結構（圖9-6）：延髓可分為上、下兩段。下段稱為閉合部，其室腔為脊髓中央管的延續，正中溝的兩側為薄束結節和楔束結節，其內分別有薄束核與楔束核。腦橋的背面構成第四腦室底的上半部。在第四腦室底具有橫行的髓紋，是延髓和腦橋的分界標誌。

延髓和腦橋：有第四腦室底、左、右小腦上腳，還

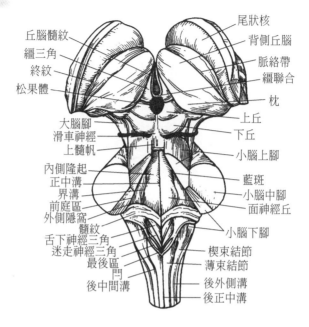

丘腦髓紋
繮三角
終紋
松果體

大腦腳
滑車神經
上髓帆

內側隆起
正中溝
界溝
前庭區
外側隱窩
髓紋
舌下神經三角
迷走神經三角
最後區
閂
後中間溝

尾狀核
背側丘腦
脈絡帶
繮聯合
枕

上丘
下丘
小腦上腳

藍斑
小腦中腳
面神經丘

小腦下腳

楔束結節
薄束結節
後外側溝
後正中溝

圖9－6　腦幹背面觀

有滑車神經發出。

　　中腦的外形：包括頂蓋，上、下丘，上、下丘臂。

2. 腦幹的構造

　　腦幹內部也由灰質和白質組成，但腦幹中的灰質由於被縱橫的纖維所貫穿，而形成團狀或柱狀，稱為腦神經核，主要分佈在背側；白質主要分佈在腹側。中央部是由灰、白質交錯形成的網狀結構。

　　第3、4對腦神經核位於中腦；第5、6、7、8對腦神經核位於腦橋；第9、10、11、12對腦神經核位於延髓（參見圖9－5和圖9－6）。

　　腦幹的白質中有重要的上行和下行傳導束，多位於腦幹的腹側與外側。上行傳導束（如脊髓丘腦束、內側丘系）將傳入（感覺）的神經衝動自脊髓向上傳至腦幹、小腦和大腦皮質；下行傳導束將神經衝動由上向下傳至效應器。

　　腦幹內除了上述腦神經核、中繼核和傳導束外，還有很多縱橫交錯的神經纖維和散在的神經胞體，它們共同構成網狀結構。

3. 腦幹的功能

　　腦幹中延髓網狀結構的功能主要是維持人體生命，包括心跳、呼吸中樞。若腦幹受到損傷，可引起心搏、血壓等嚴重的障礙，甚至危及生命。中腦的黑質和紅核調節肌緊張、協調運動。中腦的上、下丘核是皮質下視、聽中樞。

（二）間　腦

　　間腦位於中腦之上、尾狀核和內囊的內側。間腦可分成丘腦、上丘腦、下丘腦、底丘腦和後丘腦5個部分。

　　丘腦是間腦中最大的卵圓形灰質核團，位於第三腦室的兩側，左、右丘腦借灰質團塊相連。丘腦的腹後外側核是很多感覺的中轉站。

（三）小　腦

1. 小腦的位置與外形

　　小腦位於大腦枕葉下方，覆蓋在腦橋和延髓之上，

橫跨在中腦和延髓之間。小腦和延髓、腦橋之間有第四腦室。小腦的上面平坦，下面中間凹陷、兩側隆起，中間有一狹窄部稱為蚓部，兩側隆起部稱為小腦半球（圖9-7）。

小腦借助三對腳（圖9-8）與腦幹相連。小腦下腳連結延髓，由延髓和脊髓進入小腦的纖維組成；小腦中腳連結腦橋，由腦橋進入小腦的纖維組成；小腦上腳連結中腦，由小腦中央核發出的纖維與中腦的紅核和丘腦的腹後外側核相聯繫。

2. 小腦的構造

小腦表面是灰質，稱為皮質，內部是白質，稱為小腦髓質。髓質內有灰質團塊，稱為小腦中央核（圖9-9）。小腦中央核共有 4 對，最大的一對是齒狀核，它可以接受小腦皮質的纖維，由它發出的纖維組成小腦上腳。小腦皮質中主要的神經元是梨狀神經元，它接受所有傳入小腦的衝動。

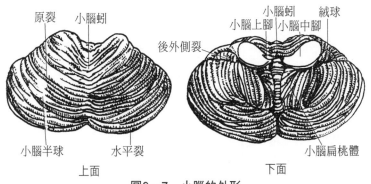

圖9-7　小腦的外形

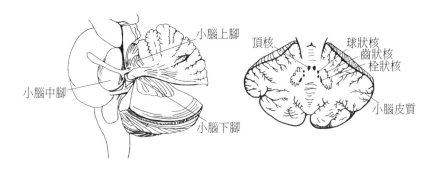

圖9-8 小腦三對腳　　圖9-9 小腦中央核

3.小腦的功能

小腦的功能是維持身體平衡、調節肌肉張力和協調肌肉活動等。當小腦有病變時，出現肌張力減弱和病態運動。

（四）大　腦

大腦是中樞神經系統的最高級部分，主要包括左、右兩個大腦半球，二者主要由胼胝體相連。半球內的腔隙稱為側腦室，借室間孔與第三腦室相通。每側大腦半球的表面都覆蓋著一層灰質，稱為大腦皮質。皮質的深面為白質，白質內還有一些灰質團體，稱為基底核（或稱基底神經節）。

1. 大腦的外形

(1) 大腦半球的主要溝（裂）和分葉。大腦每個半球分為三個面，即外側面，內側面和下（底）面。每個半球的表面有深淺不一的三條溝，分別是外側溝、中央溝

和頂枕溝。大腦外側溝起自半球底面，轉至外側面由前下方斜向後上方；中央溝從上緣近中點斜向前下方；在半球的內側面有頂枕溝從後上方斜向前下方。

這些溝將每個半球分為五個葉：即中央溝以前、外側溝以上的額葉；頂枕溝後方的枕葉；外側溝上方、中央溝與頂枕溝之間的頂葉；外側溝以下的顳葉；以及深藏在外側溝裏的腦島（又稱為島葉）。

(2) 各葉主要的溝與回（圖9－10、圖9－11）：

①在額葉上有一條與中央溝平行的中央前溝，在中央溝與中央前溝之間的腦回稱為中央前回；在中央前溝的前方還有前後走行的上下兩條溝：額上溝和額下溝，把額葉前部又分為額上回、額中回和額下回。在額下回下後方有布洛卡回。中央溝與中央後溝之間為中央後回。

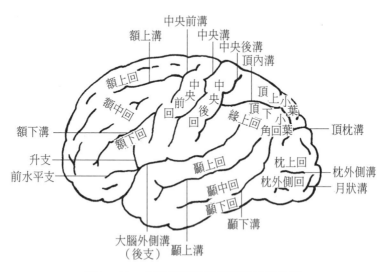

圖9－10　大腦半球背外側面溝回示意圖

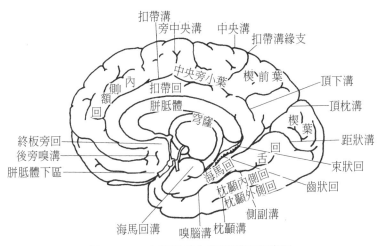

圖9-11 大腦半球內側面溝回示意圖

②在顳葉上有兩條與外側溝平行的顳上溝和顳下溝。顳上溝的上方為顳上回，內有顳橫回。

③在大腦半球內側面的中部有胼胝體。在胼胝體後下方，有呈弓形的與頂枕溝相連的距狀溝。距狀溝下方為舌回。巨狀溝與頂枕溝之間的腦回稱為楔回。中央前、後回延伸到內側面的部分為中央旁小葉。在胼胝體背面有胼胝體溝，其繞過胼胝體後方，向前移行為海馬溝。在胼胝體溝上方，有與之平行的扣帶溝，溝末端轉向背方，稱邊緣支。扣帶溝與胼胝體溝之間為扣帶回。扣帶回繞到胼胝體後緣又轉向前，改稱為海馬回。海馬回的末端呈鉤形，稱為海馬回鉤。扣帶回、海馬回和海馬回鉤連成一個環行腦回，包繞在腦幹的邊緣，稱為邊緣葉。

大腦皮質中機能相似的神經元集中在一定部位，成

為大腦皮質特定機能區域，這些區域可對傳入的刺激進行分析與綜合。

大腦皮質的這些管理身體感覺和運動的機能區，叫做皮質中樞。大腦半球主要的皮質中樞有運動中樞（位於中央前回和中央旁小葉前部）、感覺中樞（位於中央後回和中央旁小葉後部）、聽覺中樞（位於顳橫回）、視覺中樞（位於楔葉和舌回）、運動性語言中樞（位於布洛卡回）、內臟活動中樞（位於邊緣葉）。

2. 大腦的構造

(1) 基底核

基底核靠近大腦半球底部，包括尾狀核、豆狀核、屏狀核和杏仁體。尾狀核和豆狀核合稱為紋狀體。

尾狀核呈羊角狀，分為頭、體、尾三部分。豆狀核位於背側丘腦的外側，被兩層白質髓板分成三部分，內側兩部分稱為蒼白球，外側部分稱殼。尾狀核和豆狀核的殼合成的新紋狀體是錐體外系的重要組成部分，是皮質下控制軀體運動的重要中樞，它與隨意運動的穩定、肌緊張的控制、本體感覺傳入資訊的處理密切相關。

(2) 白質纖維

大腦白質由有髓神經纖維組成，根據其走行和功能分為三類：聯絡纖維、連合纖維和投射纖維。

聯絡纖維是連結同一半球不同葉和回的纖維束。

連合纖維是連結左右半球皮質的纖維，主要構成了胼胝體。研究表明，胼胝體不僅起連結的作用，還對複雜事物的辨認、學習、創造能力和智力有關。

　　投射纖維由連接大腦皮質與皮質下各級中樞的上、下行纖維束組成。這些纖維束集中地通過尾狀核、豆狀核和丘腦之間，形成了緻密的白質板，稱為內囊（圖9－12）。內囊的損傷可導致對側偏身感覺喪失、對側身體偏癱和對側視野偏盲，即所謂的「三偏綜合徵」。

(3) 大腦皮質

　　大腦皮質是高級神經活動的物質基礎，由灰質構成，總重量約為600克，其厚度為1～4毫米。大腦皮質的神經元都是多極神經元，按其細胞的形態分為錐體細胞（分大、中、小三型）、顆粒細胞（包括星形細胞、水平細胞和籃狀細胞等幾種）和梭形細胞三大類。大腦皮質中的神經元是以分層方式排列的，除大腦的個別區域外，一般可分為六層：即分子層、外顆粒層、外錐體細胞層、內顆粒層、內錐體細胞層和多形細胞層。

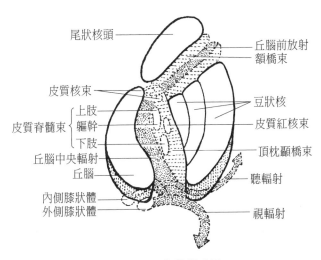

圖9－12　內囊模式圖

三、中樞神經系傳導通路

高級中樞與感受器或效應器之間由神經元構成了傳導神經衝動的通路，稱為傳導通路。傳導通路可分為上行（感覺）傳導通路和下行（運動）傳導通路。上行（感覺）傳導通路是由感受器經過傳入神經、各級中樞至大腦皮質的神經通路，包括本體感覺和精細觸覺、皮膚感覺、視覺及聽覺等；下行（運動）傳導通路是由大腦皮質經過皮質下各級中樞、傳出神經至效應器的神經通路，包括錐體系和錐體外系。

（一）本體感覺通路

軀體感覺分為兩類：一般軀體感覺包括本體感覺（深感覺）和淺感覺；特殊軀體感覺包括視覺、聽覺和平衡覺等。現僅介紹本體感覺（深感覺）通路。

本體感覺又稱深感覺，包括運動覺、位置覺等。它可分為意識性和非意識性本體感覺兩種。

(1) 意識性本體感覺傳導通路：

是把軀幹、四肢的本體感覺衝動傳至大腦皮質，產生意識性感覺，此傳導通路也傳導皮膚的精細觸覺，它由三級神經元組成。

第一級神經元的細胞體位於脊神經節內（是假單極神經元），其周圍突為脊神經的感覺纖維，分佈到軀幹和四肢的肌、腱、關節等處的本體感受器和皮膚精細觸覺感受器。中樞突經後根進入脊髓同側的後索，分別

形成薄束和楔束。薄束和楔束沿著脊髓後索內上升達延髓，分別止於薄束核和楔束核，交換神經元。

第二級神經元胞體在薄束核和楔束核，兩核發出的纖維呈弓形前行至中央管腹側，在中線與對側纖維交叉，稱內側丘系交叉，交叉後的纖維在中線兩側上行，稱內側丘系，經過腦橋和中腦止於背側丘腦的腹後外側核。

第三級神經元的胞體在丘腦的腹後外側核，其軸突組成丘腦皮質束，經內囊枕部，最後投射到大腦皮質中央後回、中央前回的中上部和中央旁小葉。

(2) 非意識性本體感覺傳導通路：

是把軀幹、四肢的本體感覺衝動傳至小腦皮質的通路，由兩級神經元組成。本體感覺衝動達小腦皮質不產生意識性感覺，而是反射性調節軀幹和四肢的肌張力與協調運動，維持身體的平衡和姿勢。

（二）錐體系

錐體系主管骨骼肌的隨意運動，主要由大腦皮質中央前回的大錐體細胞和其他類型錐體細胞的軸突組成，終止於腦幹運動神經核和脊髓前角運動神經元，稱為皮質脊髓束和皮質腦幹束。錐體系由兩級神經元組成，包括上運動神經元和下運動神經元。

(1) 皮質脊髓束：

主管軀幹和四肢骨骼肌的隨意運動，主要由中央前回上 2/3 和中央旁小葉前部的大錐體細胞和各型錐體細胞的軸突聚集而成，下行經內囊枕部、中腦的大腦腳和

腦橋基底部至延髓腹側形成錐體。在錐體下部絕大部分
（70％～90％）纖維交叉至對側形成皮質脊髓側束，終於
該側脊髓前角；其餘小部分纖維不交叉，繼續下行，形
成皮質脊髓前束。皮質脊髓側束在脊髓外側索內下降，
沿途發出側支，逐節終止於前角細胞，支配四肢肌。皮
質脊髓前束在脊髓前索內下行，僅到上胸節，其側支經
白質前連合逐節交叉至對側，終止於前角細胞，支配軀
幹和四肢骨骼肌運動。

(2) 皮質腦幹束：

又稱皮質延髓束，主管頭面部骨骼肌隨意運動。

（三）錐體外系

錐體外系是指錐體系以外的影響和控制骨骼肌運動
的所有下行傳導通路，一般由紋狀體—蒼白球系和皮
質—腦橋—小腦系組成。主要功能是調節肌張力、協調
肌肉活動、維持和調節身體姿勢等。

第三節　周圍神經系統

一、12對腦神經

腦神經是與腦相連左右成對的神經，共有12對，依
次為：嗅神經、視神經、動眼神經、滑車神經、三叉神
經、展神經、面神經、前庭蝸神經、舌咽神經、迷走神
經、副神經和舌下神經（圖9－13）。

　　各腦神經按所含主要纖維的成分和功能的不同，可分為三類：第一類是感覺神經包括嗅、視和前庭蝸神經；第二類是運動神經包括動眼、滑車、展、副和舌下神經；第三類是混合神經包括三叉、面、舌咽和迷走神經。

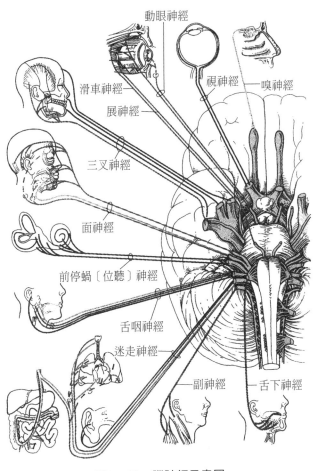

動眼神經

滑車神經

視神經

嗅神經

展神經

三叉神經

面神經

前停蝸〔位聽〕神經

舌咽神經

迷走神經

副神經

舌下神經

圖9－13　腦神經示意圖

（一） 感覺性腦神經

(1) 嗅神經：

分佈於鼻腔頂部的嗅黏膜，司嗅覺。如嗅神經損害後則會表現為嗅覺減退、缺失、嗅幻覺或嗅覺過敏等。

(2) 視神經：

分佈於眼球的視網膜上，司視覺。

(3) 前庭蝸神經：

分佈於內耳的壺腹嵴、橢圓囊斑和球囊斑、螺旋器上，司聽覺和位置覺。

（二） 運動性腦神經

(1) 動眼神經、滑車神經、展神經：

分佈於眼球外面的肌肉，支配眼球的運動；其中第3對腦神經支配瞳孔括約肌。

(2) 副神經：

支配斜方肌和胸鎖乳突肌運動。

(3) 舌下神經：

支配舌肌運動。

（三） 混合性腦神經

(1) 三叉神經：

有感覺纖維和運動纖維。

(2) 面神經：

由感覺、運動和副交感神經纖維組成，分別司舌前2/3的味覺、面部表情肌運動及支配舌下腺、下頜下腺

和淚腺的分泌。

(3) 舌咽神經：

由感覺、運動和副交感神經纖維組成，分佈於舌及咽部，支配咽部肌肉的運動、腮腺的分泌，還司咽部、頸動脈竇和頸動脈小球的感覺和舌後1/3味覺。

(4) 迷走神經：

是腦神經中最長、分佈最廣的神經，含有感覺、運動和副交感神經纖維。支配呼吸、消化兩個系統的大部分器官，如心臟等器官的感覺、運動和腺體的分泌等。

二、31對脊神經

（一）脊神經的組成

脊神經是指與脊髓相連的周圍神經，共31對。每對脊神經（圖9－14）皆由與脊髓相連的前根和後根在椎間孔

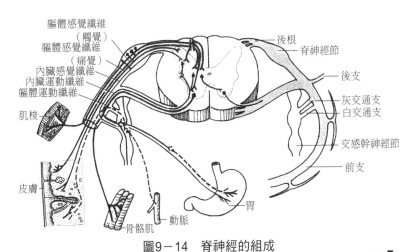

圖9－14 脊神經的組成

合併而成。31對脊神經自上而下分別為：頸神經8對，胸神經12對，腰神經5對，骶神經5對，尾神經1對。

（二）脊神經的分支

每對脊神經的前根屬運動性，由位於脊髓灰質前角和側角及骶髓副交感核的運動神經元軸突組成。後根屬感覺性，由脊神經節內假單極神經元的中樞突組成。脊神經節是後根在椎間孔處的膨大部，主要由假單極神經元胞體組成。脊神經的前、後根在椎間孔處合併為脊神經幹，又立即分為前支和後支，都為混合性神經。

1. 脊神經後支

脊神經後支一般較細，它穿越椎骨橫突間隙向後走行，按節段地分佈於項、背、腰、骶部深層肌肉及皮膚。

2. 脊神經前支

脊神經前支粗大，分佈於軀幹前外側部和四肢的皮膚及肌肉。在人類除第2～11胸神經前支保持著明顯的節段性外，其餘脊神經的前支則交織成叢，然後再分支分佈，組成了頸、臂、腰和骶四個神經叢。

(1) 頸叢

由第1～4頸神經前支吻合而成。它發出皮支和肌支，皮支分佈到頸前部皮膚，肌支分佈於頸部部分肌肉（頸部深肌）、舌骨下肌群和肩胛提肌。它發出的最主要的神經是膈神經，為混合性神經，主要支配膈肌的運動。

(2) 臂叢（圖9－15）

由第5～8頸神經前支和第1胸神經前支吻合而成，在腋窩處形成三個束，即外側束、內側束和後束。它發出的神經主要有以下幾支。

①肌皮神經：自外側束發出，支配著臂前群肌和前臂外側的皮膚。

②正中神經：由內側束和外側束各發出一根合成，支配前臂前群肌的大部分，大魚際肌及手掌面橈側三個半指的皮膚。

③尺神經：由內側束發出，支配前臂前群肌尺側的小部分肌肉、小魚際肌和手肌中間群的大部分以及手掌面尺側一個半指和手背面尺側兩個半指的皮膚。

④橈神經：發自後束，支配上臂及前臂後群肌、上臂及前臂背側面皮膚和手背面橈側兩個半指的皮膚。

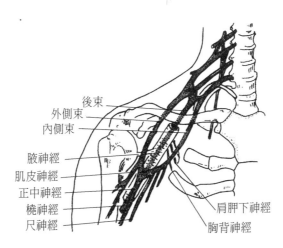

外側束
後束
內側束
腋神經
肌皮神經
正中神經
橈神經
尺神經
肩胛下神經
胸背神經

圖9－15　臂叢組成模式圖

⑤腋神經：由後束發出，支配三角肌、小圓肌及三角肌區和上臂外側面的皮膚。

(3) 胸神經前支：

不成叢，分別位於相應的肋間隙中，稱肋間神經，分佈於肋間肌、腹肌和胸腹壁的皮膚。

(4) 腰叢（圖9－16）：

由第12胸神經的一部分，第1～3腰神經和第4腰神經一部分前支組成。位於腰椎兩側、腰大肌的深面。除支配髂腰肌和腰方肌外，還發出以下分支。

①股神經：經腹股溝韌帶深面下行，支配股前群肌運動，司股前部、小腿內側部和足內側緣皮膚的感覺。

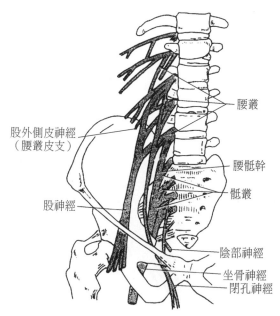

股外側皮神經
（腰叢皮支）

股神經

腰叢

腰骶幹

骶叢

陰部神經

坐骨神經
閉孔神經

圖9－16　腰骶叢組成模式圖

②閉孔神經：經小骨盆穿閉膜管至股內側部，支配股內收肌群的運動和股內側面皮膚的感覺。

(5) 骶叢（參見圖9－16）：

由第4腰神經前支的一部分與第5腰神經前支合成的腰骶幹以及骶、尾神經的前支編織而成，位於骶骨和梨狀肌前面，分支分佈於會陰部、臀部、股後部、小腿和足的肌肉與皮膚。其主要分支有以下幾種。

①臀上神經和臀下神經：前者支配臀中、小肌；後者支配臀大肌。

②坐骨神經：是全身最粗的神經，從梨狀肌下緣出骨盆腔後，經臀大肌深面至股後部，在膕窩上方分為脛神經和腓總神經。沿途發出肌支支配股後群肌。

脛神經：是坐骨神經的延續，在膕窩下行至小腿後部，分支支配小腿後群肌、足底肌的運動以及小腿後面、足底和足背外側皮膚的感覺。

腓總神經：沿膕窩外側壁繞過腓骨頸下行至小腿前區，支配小腿前群肌、外側群肌運動以及小腿外側面、足背和趾背皮膚的感覺。

三、自主神經

自主神經是指分佈於內臟、心血管、平滑肌和腺體的運動神經。也可稱為植物性神經或內臟神經，自主神經和軀體神經一樣包含有感覺和運動兩種纖維，即自主感覺神經和自主運動神經。下面詳細述自主運動神經，並將其分成交感神經和副交感神經兩部分（圖9－17）。

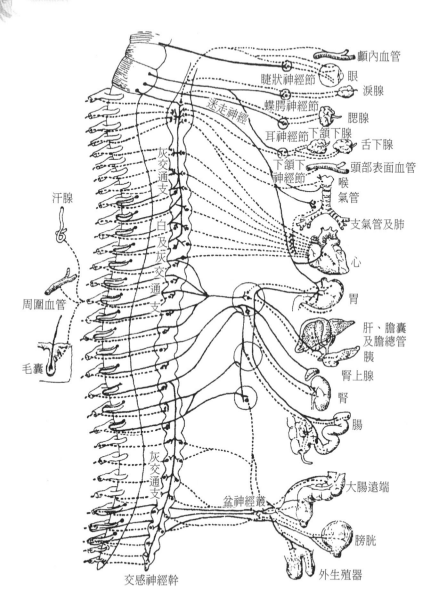

顱內血管
眼
睫狀神經節
涙腺
蝶腭神經節
迷走神經
腮腺
耳神經節 下頷下腺
舌下腺
下頷下
頭部表面血管
神經節
喉
氣管
支氣管及肺
心
胃
肝、膽囊
及膽總管
胰
腎上腺
腎
腸
灰交通支
白及灰交通支
汗腺
周圍血管
毛囊
灰交通支
大腸遠端
盆神經叢
膀胱
外生殖器
交感神經幹

圖9-17 自主神經概況

（一）交感和副交感神經的特徵

從中樞發出的自主神經在抵達效應器前必須先進入外周神經節，此纖維終止於節前神經元上，由節內神經元再發出纖維支配效應器。由中樞發出的纖維稱為節前纖維，由節內神經元發出的纖維稱為節後纖維。交感神經節離效應器較遠，因此節前纖維短而節後纖維長；副交感神經節離效應器較近，有的神經節就在效應器壁內，因此節前纖維長而節後纖維短。

交感神經起自於脊髓胸腰段的外側柱，而副交感神經一部分起自於腦幹的縮瞳核、上唾液核、下唾液核、迷走背核和疑核，另一部分起自於脊髓骶部相當於側角的部位。交感神經在全身分佈廣泛，幾乎所有內臟器官都受它支配；而副交感神經的分佈較局限，某些器官不受副交感神經支配。如皮膚和肌肉內的血管、汗腺、豎毛肌、腎上腺髓質和腎就只有交感神經支配。

（二）交感和副交感神經的功能

自主神經的功能在於調節心肌、平滑肌和腺體（消化腺、汗腺、部分內分泌腺）的活動（表5）。除少數器官外，一般組織器官都接受交感和副交感神經的雙重支配。在具有雙重支配的器官中，交感和副交感神經的作用往往具有拮抗的性質。

如對於心臟，迷走神經具有抑制作用，而交感神經具有興奮作用；對於小腸平滑肌，迷走神經具有增強其運動的作用，而交感神經卻具有抑制作用。這種拮抗性

表5 自主神經的主要功能

器　官	交　感　神　經	副交感神經
循環器官	心跳加快加強，腹腔內臟血管、皮膚血管以及分佈於唾液腺與外生殖器官的血管均收縮，脾包囊收縮，肌肉血管可收縮（腎上腺素能）或舒張（膽鹼能）	心跳減慢，心房收縮減弱，部分血管（如軟腦膜動脈與分佈於外生殖器的血管等）舒張
呼吸器官	支氣管平滑肌舒張	支氣管平滑肌收縮，促進黏膜腺分泌
消化器官	分泌黏稠唾液，抑制胃腸運動，促進括約肌收縮，抑制膽囊活動	分泌稀薄唾液，促進胃液、胰液分泌，促進胃腸運動和使括約肌舒張，促進膽囊收縮
泌尿生殖器官	促進腎小管的重吸收，使逼尿肌舒張和括約肌收縮，使有孕子宮收縮，無孕子宮舒張	使逼尿肌收縮和括約肌舒張
眼	使虹膜輻射肌收縮，瞳孔擴大使睫狀體輻射狀肌收縮，睫狀體增大，使上眼瞼平滑肌收縮	使虹膜環形肌收縮，瞳孔縮小，使眼下睫狀體環形肌收縮，睫狀體環縮小，促進淚腺分泌
皮膚	豎毛肌收縮，汗腺分泌	
代謝	促進糖原分解，促進腎上腺髓質分泌	促進胰島素分泌

使神經系統能夠從正反兩個方面調節內臟的活動，拮抗作用的對立統一是神經系統對內臟活動調節的特點。

在一般情況下，交感神經中樞的活動和副交感神經中樞的活動是對立的，也就是說當交感神經系統活動相對加強時，副交感神經系統活動就處於相對減退的地位，而在外周作用方面卻表現協調一致。

但是，在某些情況下，也可出現交感和副交感神經系統活動都增強或都減退，然而兩者間必有一個佔優勢。在某些外周效應器上，交感和副交感神經的作用是一致的，例如唾液腺的交感神經和副交感神經支配都有促進分泌的作用；但兩者的作用也有差別，前者的分泌黏稠，後者的分泌稀薄。

第四節　體育運動對神經系統的影響

人體在進行體育運動時，是各器官、系統相互協調地進行的功能活動的結果，而這種功能活動是受到神經系統支配和調節的。因此，體育運動要求各器官、系統的生理活動更加密切地配合，這樣就會加強對神經系統的鍛鍊，促進神經系統的功能進一步完善。

經過長期體育鍛鍊的人，不僅肌肉發達、收縮有力，而且神經系統的功能也得到加強，因而使動作的速度、靈活性和對各種外界刺激的適應能力等都得到了明顯的提高。

體育運動對提高神經系統的耐久力有很大的促進作用，特別是中、長跑和足球等一些耐力性較強的運動項

目。耐力好的人能夠堅持較長時間的工作、學習，精力充沛、頭腦清醒，並且效率高。

此外，參加體育運動還能促進新陳代謝，從而改善腦的營養，使腦的功能增強，思維和記憶能力都能得到發展。

復習與思考

(1) 神經系統的功能和組成？

(2) 神經系統活動方式是什麼？反射和反射弧的概念及反射弧的組成？

(3) 闡述白質、灰質、神經、神經束、神經核、神經節、網狀結構和傳導通路的概念。

(4) 脊髓的構造和功能怎樣？

(5) 腦幹、小腦的位置、外形、構造和功能怎樣？

(6) 大腦的外形和構造怎樣？

(7) 中樞神經系統傳導通路包括哪些？

(8) 闡述12對腦神經的名稱和主要功能。

(9) 頸叢、臂叢、腰叢和 叢分別有哪些主要分支？

(10) 交感和副交感神經的特徵與功能有何不同？

第十章　內分泌系統

學習要求

(1) 瞭解內分泌腺的結構特點。

(2) 熟悉內分泌系統的組成和主要功能。

(3) 掌握人體內主要內分泌腺的名稱及其分泌的激素與主要功能。

知識點與應用

內分泌系統由內分泌腺和分佈於其他器官的內分泌細胞組成。內分泌腺包括甲狀腺、甲狀旁腺、胸腺、腎上腺、松果體等；內分泌細胞有胰腺內的胰島和睾丸內的間質細胞等。

內分泌細胞的分泌物稱為激素，大多數內分泌細胞分泌的激素由血液循環而作用於遠處的特定細胞（靶細胞），少部分內分泌細胞的分泌物直接作用於鄰近的細胞，稱為旁分泌。

內分泌系統是機體的一個重要調節系統，它與神經系統相輔相成，共同調節著機體的生長發育和各種新陳代謝，維持著內環境的穩定，並影響行為和控制生殖等。

第一節　概　述

內分泌系統是人體內神經系統支配下的另一個重要的機能調節系統。內分泌腺又稱為內分泌器官，位於人體的不同部位，它們之間在形態和結構上沒有關聯，但在功能上卻是相互依存和相互制約的。

一、內分泌腺的結構特點

(1) 內分泌腺沒有輸出導管，故又稱為無管腺，其分泌物為激素。激素直接地進入淋巴和血液。

(2) 內分泌腺的細胞均屬於腺上皮細胞，它們大多數排列成索狀或團塊狀，少數為囊泡狀。內分泌腺散在分佈於體內，相互間不相連接。

(3) 內分泌腺細胞之間有豐富的毛細血管和毛細淋巴管，血供豐富。

二、內分泌系統的主要功能

內分泌系統和神經系統均是在大腦統一指揮下的兩個協同調節系統，共同調節人體的新陳代謝、生長、發育和生殖等生理功能活動，以保持機體內環境的平衡和穩定。但其作用方式卻不同：神經系統靠神經傳導，其特點是快速和靈敏；內分泌系統靠激素由體液調節方式起作用，其特點是作用廣泛和持久。

第二節 內分泌腺與內分泌組織

內分泌系統可以分為內分泌腺和內分泌組織兩部分。內分泌腺是指獨立存在、肉眼可見的腺體，包括甲狀腺、甲狀旁腺、胸腺、腎上腺、松果體等（圖1－01）。內分泌組織是指一些分散在其他器官組織中一些腺組織或腺細胞，如胰腺內的胰島和睾丸內的間質細胞等。

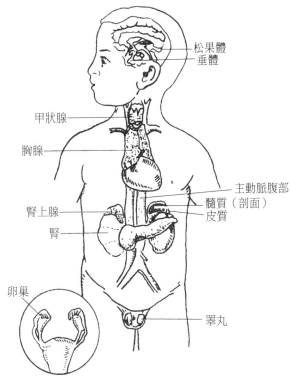

圖1－01 人體主要內分泌腺的分佈

內分泌腺是一種無管腺，分泌活性物質——激素。激素由腺細胞釋放入毛細血管和毛細淋巴管。激素進入血液和淋巴後，隨血液循環運送到全身各器官和組織，從而發揮其生理作用。

　　人體主要的內分泌腺所分泌的激素如表6所示。

表6　人體主要的內分泌腺及其分泌的激素

內分泌腺		激　　素
腦垂體	遠側部	生長激素、催乳素、促腎上腺皮質激素、促黑素細胞激素、促黃體生成素、促卵泡激素、促甲狀腺素
	中間部	促黑素細胞激素
	神經部	儲存抗利尿激素、催產素
松果體		褪黑激素、5—羥色胺、去甲腎上腺素
甲狀腺		甲狀腺素
甲狀旁腺		甲狀旁腺素
胰　島		胰島素、胰高血糖素
腎上腺	皮　質	鹽皮質激素、糖皮質激素、雄性激素
	髓　質	腎上腺素、去甲腎上腺素
性　腺	睪　丸	雄激素
	卵　巢	雌激素、孕激素

一、腦垂體

　　腦垂體（圖10－2）又稱為垂體或腦下垂體，是人體內最重要的內分泌腺。它位於顱底中部蝶骨上面的垂體窩內，其上端借垂體柄與丘腦下部相連，為灰紅色的橢

圓或圓形小體，重約0.6克。它可分為前葉的腺垂體和後葉的神經垂體。腺垂體分泌多種激素，主要有生長素、催乳素和促黑素細胞激素等促激素。

　　神經垂體無分泌功能，只是一個儲存激素的場所，如丘腦下部分泌的抗利尿激素和催產素。

二、松果體

　　松果體（參見圖10-2）又稱為腦上腺，位於丘腦後上方，為一松果狀的小體，呈淡黃色，重約0.2克。它的大小與年齡有關，在兒童時較發達，以後逐漸萎縮並有鈣鹽沉著，通常可在X線片上見到。松果體分泌的激素調節代謝與其他一些內分泌腺的作用有關，特別是與抑制性腺的發育有關。如在兒童時期松果體遭到破壞，則可出現早熟的現象。

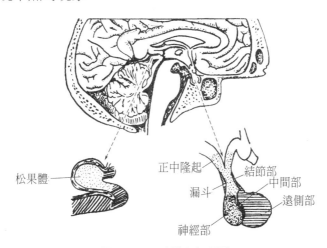

松果體　正中隆起　結節部　漏斗　中間部　遠側部　神經部

圖10-2　垂體和松果體

三、甲狀腺

甲狀腺（圖10－3）是人體內最大的內分泌腺，重為20～40克，呈「H」形，位於頸前甲狀骨中部和氣管上端的前面及兩側，由左、右兩個側葉及中間連接的峽部組成。甲狀腺分泌甲狀腺素，能增進機體的物質代謝，促進機體的生長和發育。如甲狀腺分泌功能低下時，小兒骨骼和腦的發育停滯，身材矮小，智力低下，一般稱為「呆小症」；成人則可以出現黏液性水腫。

若甲狀腺分泌功能過於旺盛，可以引起突眼性甲狀腺腫，簡稱為「甲亢」，表現為心跳過速、神經過敏、體重減輕和眼球突出等。

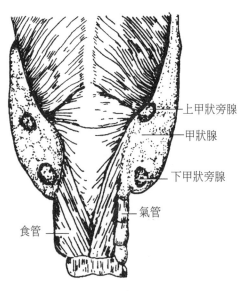

圖10－3　甲狀腺和甲狀旁腺

四、甲狀旁腺

甲狀旁腺（參見圖10-3）位於甲狀腺兩側葉的後緣，是卵圓形小體，形似黃豆，呈黃棕色，重約0.3克，通常有兩對，上下各一對。

甲狀旁腺分泌甲狀旁腺素，主要功能為調節體內鈣、磷代謝，維持血鈣的正常水準。

如甲狀旁腺分泌功能低下時，表現為血鈣下降，出現手足抽搐症。若功能亢進時，則會引起骨質過度的吸收，導致骨折的發生。

五、胰　島

胰島是胰的內分泌部，分散在胰腺腺泡之間，由大小不等、形狀不定的細胞群組成。

胰島中主要有兩種內分泌細胞。一種是A細胞，分泌胰高血糖素，促進糖原的分解，使血糖升高。另一種是B細胞，分泌胰島素，促進糖原的合成和血糖的利用，維持正常的血糖水準。如果兩種激素的分泌失調，則會導致糖代謝功能紊亂，產生糖尿病或低血糖症等。

六、腎上腺

腎上腺位於腎的上方，左右各一，左側近似半月形，右側呈三角形，每個重約7克。腎上腺實質可分為內

層的髓質和外層的皮質。

皮質分泌的激素種類較多，主要有鹽皮質激素，調節人體內水鹽代謝；糖皮質激素，調節糖和蛋白質代謝；性激素，調節性機能和副性徵。

髓質主要分泌腎上腺素和去甲腎上腺素，作用和交感神經興奮時的作用相似，如心跳較快、心收縮力加強和毛細血管平滑肌收縮等。因此，腎上腺髓質的機能狀況對於運動員對體內、外環境的適應能力及運動技能的高低有重要的意義。

七、性　腺

性腺有男女之別。男性睪丸內的間質細胞分泌雄激素；女性卵巢內卵泡成熟過程中分泌雌激素，排卵後形成的黃體分泌孕激素。

上述性激素都可刺激生殖器官發育，促進第二性徵的出現。

第三節　體育運動對內分泌系統的影響

影響兒童少年生長發育最突出的激素，是腦垂體分泌的生長激素。如果兒童少年時期生長激素分泌過多，可導致巨人症；分泌過少可導致侏儒症。

睪酮也是一種與生長發育、身體運動密切相關的激素。有人研究證明，從事運動訓練的少年，體內睪酮水準明顯高於普通少年（一般學生）。

復習與思考

（1）內分泌系統由哪幾部分組成？主要功能有哪些？

（2）內分泌腺有哪些結構特點？

（3）人體內主要內分泌腺有哪些？所分泌激素的主要功能是什麼？

運動解剖學

第十一章　感覺器

學習要求

(1) 瞭解什麼是感覺器。

(2) 瞭解視器的組成與功能。

(3) 掌握眼球壁的構造與功能。

(4) 瞭解眼球的屈光裝置（折光物質）結構與功能。

(5) 瞭解光在眼球內的傳導途徑。

(6) 熟習外耳和中耳的組成。

(7) 掌握內耳的組成與功能。

(8) 瞭解壺腹嵴、囊斑、膜螺旋器的位置、構造與功能。

(9) 瞭解音波在耳內如何傳導。

(10) 明確體育運動對感覺器的影響。

知識點與應用

　　感覺神經的末梢裝置（或末梢結構）稱為感受器，它是反射弧的第一部分。而感受器及其附屬結構的總稱，叫感覺器。如：視器——眼，前庭蝸器——耳等。

　　視器最重要部分是眼球，它由眼球壁（三層膜）和內部的屈光物質構成。

　　前庭蝸器由外耳、中耳和內耳三部分組成。最重要的部分是內耳，由於構造非常複雜，又稱為迷路。迷路分為外部的骨迷路和內部的膜迷路。

　　骨迷路和膜迷路之間充滿了液體，叫外淋巴，所有外淋巴均相通。在膜迷路內充滿了液體，叫內淋巴，所有內淋巴也相通，但外淋巴與內淋巴不通。

　　內耳由後往前分別是：半規管、前庭和耳蝸三部分，其重點是壺腹嵴、囊斑和膜螺旋器。壺腹嵴感受人體進行旋轉變速運動的刺激；囊斑是感受人體進行直線變速運動（包括振動）的刺激；膜螺旋器是感受聲波的刺激。

　　眼球的結構可以比喻成照相機：

眼瞼——鏡頭蓋

角膜——鏡頭

瞳孔——光圈

晶狀體——聚光鏡

視網膜——膠捲

　　近視眼形成的原因，總的來說，分為先天的和後天的兩類。先天超600度的主要與遺傳有關，67%是10歲前發病。後天的一般低於600度，主要與周圍環境有關，它的發生與日益近距離用眼有關（長時間看電視和上網等），加上攝取營養成分的失衡、學習負擔過重、參加體育運動過少。

　　長時間看近物，眼的睫狀小帶鬆弛，晶狀體凸度加大，長期下去，就失去了晶狀體的調節功能，矯正方法是配戴凹透鏡。關鍵要科學地安排作息時間，不要長時間看電視，也不要長時間上網，還要積極參加體育活動，每天

不得少於1小時。

　　一個優秀的運動員，除了有良好的身體素質和出色的技術與戰術外，還要有較好的前庭器官穩定性，這就要經由刻苦和科學的訓練才能獲得。跳水、體操、武術和航太運動員的前庭器官穩定性水準特別高。

　　空軍部隊的秋千、蕩板、虎伏（大鐵環）等，都是用來訓練前庭器官的穩定性的，宇航員上天前必須經過嚴格、科學的訓練。

　　對於感覺器，這裏只介紹視器（眼）和前庭蝸器（耳）。

第一節　視器——眼

　　感受光線刺激並將之轉變為神經衝動的器官即視器，也就是眼。這種衝動經視神經和腦內的視覺傳導通路傳到視覺中樞，產生視覺。

　　視器由眼球和眼副器兩部分組成。

一、眼　球

　　眼球是視器的主要組成部分，位於眼眶內，呈前部稍凸的球形，前有眼瞼保護，周圍借筋膜與眶壁相連，眶腔的後部充以眶脂體墊托眼球，後端借視神經連於間腦，周圍有眼副器。眼球由眼球壁和屈光裝置組成（圖11-1）。

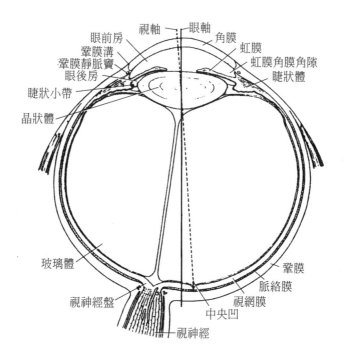

眼前房　視軸　眼軸　角膜
鞏膜溝　　　　　　　虹膜
鞏膜靜脈竇　　　　　虹膜角膜角隙
眼後房　　　　　　　睫狀體
睫狀小帶
晶狀體

玻璃體　　　　　　　鞏膜
　　　　　　　　　　脈絡膜
視神經盤　　　　　　視網膜
　　　　　　中央凹
　　　　　視神經

圖11－1　眼球的構造（水平切面）

（一）眼球壁的構造

眼球壁分為三層：依次為外膜（纖維膜）、中膜
（血管膜）、內膜（視網膜）。

1. 外　膜

外膜又稱為纖維膜，由堅韌的緻密結締組織所構
成，起著支持和保護眼球壁及其內容物的作用，可分為
角膜和鞏膜兩部分。

(1) 角膜約占纖維膜的前 1/6，是緻密而透明的膜，其曲度較大，有屈光作用。角膜內沒有血管，有大量的感覺神經末梢，對痛、觸覺極為敏銳，故發生炎症時常有劇痛。

(2) 鞏膜為纖維膜的後 5/6，成人呈不透明乳白色，有維持眼球形狀和保護眼球內部組織的作用。前端與角膜相續部分的深部有一環形的鞏膜靜脈竇，是房水的循環通路，後端在視神經穿出部位與視神經鞘相延續。鞏膜表面有肌肉附著。

2. 中　膜

中膜含有豐富的血管叢和色素細胞，故又稱為血管膜。中膜由前向後依次分為虹膜、睫狀體和脈絡膜三部分。

(1) 虹膜是中膜的最前部，位於角膜的後方，呈圓盤狀，中央的圓孔叫做瞳孔。

虹膜內有兩種不同方向排列的平滑肌，一部分環繞在瞳孔的周圍，稱為瞳孔括約肌，受副交感神經支配；另一部分呈放射狀排列於瞳孔括約肌的外周，稱為瞳孔開大肌，受交感神經支配。在強光下或看近處物體時，瞳孔括約肌收縮，瞳孔縮小，以減少光線的進入量；在弱光下或看遠處物體時，瞳孔開大肌收縮，瞳孔開大，使光線的進入量增多。可見瞳孔大小的變化控制著進入眼球光線的多少。

虹膜的顏色因人種不同而不同，可有黑、棕、藍和灰色等，黃種人大都是呈現棕色。

虹膜把角膜和晶狀體之間的間隙分為前、後兩部分，前面是較大的眼前房；後面是較小的眼後房，內含房水。

(2) 睫狀體是中膜最厚的部分，位於鞏膜與角膜移行部的內面，呈環帶狀，其前緣與虹膜相連，後緣連接脈絡膜。

睫狀體後部平坦，前部有許多呈放射狀的突起，稱睫狀突。由睫狀突發出許多睫狀小帶與晶狀體相連。睫狀體內有平滑肌纖維，稱睫狀肌，受副交感神經支配。看近處物體時，睫狀體環形肌收縮，睫狀小帶鬆弛，晶狀體周緣受到的牽拉力減弱，使晶狀體凸度增加，以適應看近物。

反之，看遠處物體時睫狀體環形肌舒張，睫狀小帶被拉緊，晶狀體周緣受到的牽拉力增加，使晶狀體凸度減小，以適應看遠物。

(3) 脈絡膜是中膜的後 2/3 部，位於鞏膜內面的一層薄而柔軟的膜。內面與視網膜色素細胞層緊貼，後方有視神經穿過。脈絡膜的主要功能是供給眼球營養和吸收眼內散射的多餘光線，以免擾亂視覺。

3. 內　膜

內膜即視網膜（圖11-2），位於中膜內面，可分為內外兩層。外層為色素部，由單層色素上皮構成；內層為神經部，由前向後依次分為視網膜視部、視網膜睫狀體部和視網膜虹膜部。視部具有感光功能，而其他二部不能感光，稱為視網膜盲部。視網膜兩層在某些疾病時

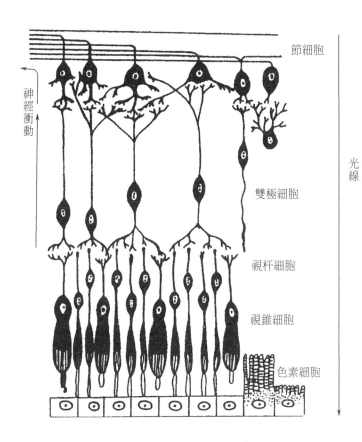

節細胞

神經衝動

光線

雙極細胞

視杆細胞

視錐細胞

色素細胞

圖11－2 視網膜結構示意圖

互相脫離，叫做視網膜剝離症。

　　視網膜視部後部有一白色的圓形隆起，是視神經的穿出部位，叫做視神經盤（視神經乳頭）。視神經盤無感光細胞分佈，稱為盲點。在視神經盤顳側稍下方（相距約 3.5 毫米）有一黃色的小圓盤，稱黃斑，其中央為

一小凹，稱中央凹，該處密佈視錐細胞，是視覺最敏銳處。

視網膜的組織結構複雜，自外向內由色素上皮細胞、視細胞、雙極細胞和節細胞組成。色素上皮細胞層又稱為色素部，其餘的三個細胞層合稱為神經部。神經部的最外層為感光細胞，緊貼視網膜外層的色素上皮，有感受強光和色彩的視錐細胞和感受弱光的視杆細胞兩種。中層為雙極細胞。內層為節細胞，節細胞發出的軸突集中於視神經盤，形成視神經，穿過眼球壁的內、中膜，外膜包繞於其周圍，構成視神經鞘。

（二）屈光裝置

眼球的屈光裝置是眼球內一系列的透明無血管的組織，光經過這些結構後，聚焦在視網膜上成為清晰的物像。這些結構包括角膜、房水、晶狀體和玻璃體。

(1) 角膜（見眼球壁）。

(2) 房水是由睫狀突的上皮分泌的無色透明液體，除具屈光作用外，還有營養角膜、晶狀體和維持正常眼內壓的作用。房水自眼後房經瞳孔到眼前房，再經虹膜角膜處進入鞏膜靜脈竇，最後匯入靜脈。房水經常循環更新，保持動態平衡。若回流不暢或受阻，則會導致房水充滯於眼房中，使眼內壓升高，患者視力受損、視野縮小並伴有嚴重頭痛，稱為青光眼。

(3) 晶狀體位於虹膜後方，玻璃體的前方，是富有彈性的雙凸鏡狀透明體。晶狀體前面較平坦，後面凸隆明顯，不含有血管和神經，借眾多睫狀小帶繫於睫狀體

上，它曲度的變化，取決於睫狀肌的收縮和舒張。晶狀體的作用在於由其曲度變化，調整屈光能力，以使物像聚焦於視網膜上。

老年人晶狀體的彈性減退，睫狀肌呈現萎縮，調節功能降低，稱為老視；若晶狀體因疾病、創傷、老年化而變混濁時，稱為白內障。

若長時間看近物或在光線不足的、動盪的車廂內看書等，睫狀肌因過度緊張而持續痙攣，導致晶狀體凸度增大，調節失靈，可造成假性近視。

(4) 玻璃體是無色透明的膠狀物質，填充於晶狀體、睫狀體和視網膜之間，除具有屈光作用外，還有支撐視網膜的作用。

二、眼副器

眼副器包括眼瞼、結膜、淚器、眼球外肌以及筋膜和眶脂體等，對眼球起保護、運動和支持作用。

（一）眼　瞼

眼瞼俗稱為眼皮，位於眼球的前方，分為上瞼和下瞼，起著保護眼球、防止眼球乾燥等作用。

（二）眼　肌

眼肌包括上、下、內、外四條直肌和上、下兩條斜肌及一塊提上瞼肌，均為骨骼肌，前六塊肌肉都是牽拉眼球向各方向轉動。

（三）涙　腺

涙腺位於眶上壁外側的涙腺窩內，有10餘條排泄管開口於結膜上穹的外側部。

第二節　前庭蝸器——耳

前庭蝸器（圖11－3）包括位覺（平衡）器和聽覺器兩部分，所以又稱為位聽器。雖然這兩種感受器在機能上不同，但在結構位置上關係密切，總稱為耳。耳包括外耳、中耳和內耳三部分。外耳和中耳是聲波的傳導裝置，內耳是接受聲波和位覺刺激的結構。

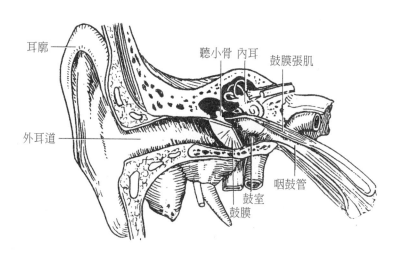

圖11－3　前庭蝸器模式圖

一、外　耳

外耳包括耳廓、外耳道和鼓膜三部分，具有收集和傳導聲波的功能。

(1) 耳廓附於顳骨外面，呈漏斗狀，以彈性軟骨為支架，外面被覆皮膚。

(2) 外耳道是自外耳門向內延伸至鼓膜的彎曲管道，長約 2.5 公分。外側 1/3 為軟骨部與耳廓軟骨相續；內側 2/3 為骨性部。外耳道的內表面覆蓋著皮膚，含有耵聹腺等。耵聹腺分泌的耵聹起保護作用。

(3) 鼓膜位於外耳與中耳之間，為一橢圓形半透明的纖維組織膜，固定在顳骨上，具有較強的韌性，傳遞聲波。

二、中　耳

中耳位於顳骨岩部和顳骨乳突內，是傳導聲波的主要部分。它包括鼓室、咽鼓管和乳突小房三部分。

(一) 鼓　室

鼓室是位於顳骨岩部內不規則的含氣小腔，內表面覆以黏膜，內有聽小骨、韌帶、肌肉、血管和神經。鼓室內側壁的後上方有卵圓形的孔，叫做前庭窗或卵圓窗，由鐙骨底所封閉；其後下方有較小的圓孔，叫做蝸

窗或圓窗，由第二鼓膜封閉。

鼓室內有三塊聽小骨，由外向內依次為錘骨、砧骨和鐙骨（圖11-4），三者以關節和韌帶連接成鏈狀的槓杆系統。當聲波振動鼓膜時，經聽小骨鏈的連串運動，使鐙骨底在前庭窗上擺動，將聲波的振動傳入內耳。

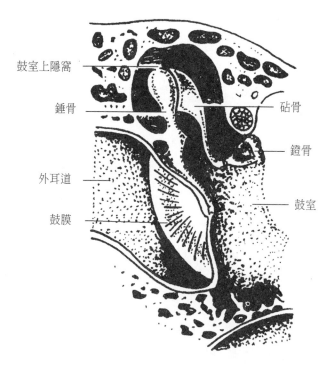

鼓室上隱窩

錘骨

砧骨

鐙骨

外耳道

鼓室

鼓膜

圖11-4 聽小骨

（二）咽鼓管

咽鼓管是連接鼻咽和鼓室之間的管道，長約 3.5 公分，當人吞嚥或打呵欠時，管道被動張開，使空氣經咽鼓管至鼓室，以維持鼓膜內、外氣壓的平衡，便於鼓膜接受聲波衝擊而顫動。

（三）乳突小房

乳突小房是鼓室向後方延伸於乳突內的含氣腔洞。這些腔洞內襯以黏膜，該黏膜與鼓室黏膜、咽鼓管黏膜和咽黏膜相延續，故中耳炎時，常可蔓延至此。

三、內　耳

內耳位於顳骨岩部，由骨密質構成的一系列複雜的曲管組成，又稱迷路。迷路又可分為骨迷路和膜迷路兩部分，骨迷路是顳骨岩部裏的骨性彎曲隧道，膜迷路是位於骨迷路內的膜性小管和小囊。膜迷路是封閉的管和囊，內含內淋巴，膜迷路與骨迷路之間的間隙內有外淋巴。內、外淋巴互不相通。

骨迷路與膜迷路的關係如下：

$$\text{迷路}\begin{cases}\text{骨迷路}\begin{cases}\text{前庭}\\\text{骨半規管}\\\text{耳蝸}\end{cases}\\\\\text{膜迷路}\begin{cases}\text{橢圓囊和球囊：囊斑}\\\text{膜半規管：壺腹、壺腹嵴}\\\text{蝸管、基底膜、螺旋器}\end{cases}\end{cases}$$

　　骨迷路由骨密質構成，從前內向後外依次排列著耳蝸、前庭和骨半規管三部分（圖11-5）。

　　相應的膜迷路由前向後也分為三部分：即位於耳蝸內的蝸管，位於前庭內的球囊和橢圓囊，以及位於骨半規管內的膜半規管（圖11-6）。

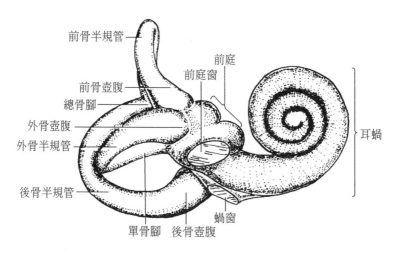

圖11-5　骨迷路

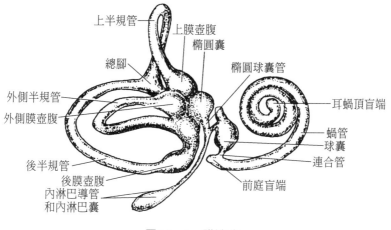

上半規管 — 上膜壺腹
橢圓囊
總腳
橢圓球囊管
外側半規管
外側膜壺腹
耳蝸頂盲端
蝸管
球囊
後半規管
連合管
後膜壺腹
前庭盲端
內淋巴導管
和內淋巴囊

圖11－6　膜迷路

（一）半規管

半規管包括骨迷路中的骨半規管和膜迷路中的膜半規管。

(1) 骨半規管為三個互相垂直的「C」字形彎曲骨管，分別稱前骨半規管、後骨半規管和外骨半規管（參見圖11－5）。每個半規管有兩個腳與前庭後部相通，一個叫單骨腳，另一個較膨大，叫壺腹骨腳。其中前、後骨半規管的單骨腳合成一個總骨腳，開口於前庭，所以三個骨半規管只有五個口與前庭相通。

(2) 膜半規管與骨半規管形態一致，位於骨半規管內。在壺腹處管壁隆起形成的壺腹嵴（圖11－7）是位覺感受器，能感受旋轉變速運動的刺激。

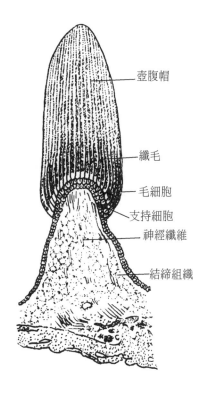

壺腹帽

纖毛

毛細胞

支持細胞

神經纖維

結締組織

圖11－7　壺腹嵴

（二）前　庭

前庭是位於骨迷路中部的近似橢圓形的空腔，其前部有孔通耳蝸，後部有五個孔通三個骨半規管。腔內有橢圓囊和球囊。在橢圓囊和球囊的囊壁上，均有局部的黏膜增厚，向腔內突出，分別稱為橢圓囊斑和球囊斑（圖11－8）。

橢圓囊斑和球囊斑是位覺感受器，能夠感受到頭部的位置變動和直線變速運動的刺激（包括振動）。

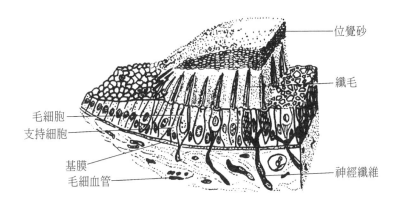

位覺砂

纖毛

毛細胞

支持細胞

基膜

毛細血管

神經纖維

圖11-8 囊 斑

（三）耳 蝸

耳蝸（圖11-9）形似蝸牛殼，底稱蝸底對向內耳

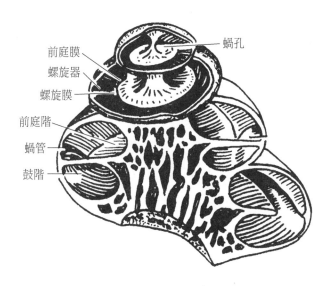

前庭膜

螺旋器

螺旋膜

前庭階

蝸管

鼓階

蝸孔

圖11-9 耳 蝸

道，尖稱蝸頂朝向前外方，由骨性的蝸螺旋管圍繞蝸軸盤旋兩圈半而構成，後方與前庭相連通。蝸軸的骨質較疏鬆，蝸螺旋管則由骨密質構成。

由蝸軸發出骨性螺旋板，突入於蝸螺旋管內，形成骨螺旋板，但板的游離緣並未達到蝸螺旋管的對側壁，空缺處由膜迷路的膜性蝸管填補，從而將蝸管分為兩部，上部稱前庭階，下部叫做鼓階。故耳蝸內共有蝸管、前庭階和鼓階三條並列的螺旋形管道。

蝸管與蝸螺旋管頂之間留有蝸孔，前庭階和鼓階內的外淋巴液可經蝸孔互相交通。前庭階起自前庭，與中耳間隔以前庭窗；鼓階則以蝸窗的第二鼓膜與中耳鼓室相隔。蝸管的頂端為盲端，下端與球囊相通，三壁都為膜性。上壁是蝸管前庭壁（又稱為前庭膜），下壁是咽鼓管壁（又稱為螺旋膜或基底膜）。基底膜上有以聽毛細胞和支持細胞為主組成的螺旋器（圖11－10），即聽覺感受器，感受聲波的刺激。

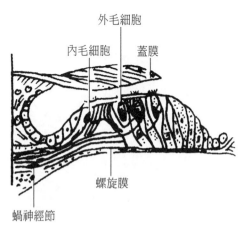

圖11－10　螺旋器構造模擬圖

第三節　體育運動對感覺器的影響

在體育運動中，如划船、跳水、跳傘、滑雪、體操、武術和鐵餅、鏈球等項目，對前庭穩定性要求很高，事實上，長期從事這些項目訓練的運動員，前庭器官的穩定性大大提高，遠遠超過正常人，尤其是優秀運動員。

隨著社會生產力和科學水準的發展，人類活動範圍不斷擴大，如宇宙航行、乘坐高速交通工具等，對人體耐受種種加速度的能力提出了更高的要求。同樣，體育運動技術不斷發展，需要運動員完成更高難度的旋轉、翻騰動作，這就要求機體有更高的平衡能力和判斷能力。

人體在運動時本體感覺是形成各種運動技能的重要保證。長期從事球類運動的運動員，可以擴大人的視野和提高立體視覺的水準，眼肌抗疲勞能力較其他項目運動員強，晶狀體較厚。

有人研究，從事三年以上的優秀射擊運動員，眼前房變淺，但視覺調節能力很強，能適應射擊訓練環境。

復習與思考

(1) 什麼是感受器、感覺器？

(2) 試述眼球的構造與功能。

(3) 光在眼球內傳導途徑怎樣？

(4) 簡述外耳和中耳的構造。

(5) 內耳為什麼叫迷路？分為哪幾部分？

(6) 試述壺腹脊、囊斑和膜螺旋器的功能。

(7) 聲波在耳內如何傳導？

(8) 體育運動對感覺器有何影響？

人體個體發生的結構體系

● 生殖系統

第十二章　生殖系統

學習要求

(1) 瞭解男性、女性生殖系統的組成。
(2) 掌握睪丸、卵巢的位置、結構與功能。
(3) 瞭解受精過程及人體胚胎的早期發生概況。
(4) 瞭解體育運動對人體生長發育的影響。知識點與應用

知識點與應用

　　男性生殖系統中，必須掌握的是睪丸；女性生殖系統中必須掌握的是卵巢。男性生殖細胞稱為精子，女性生殖細胞稱為卵子，二者結合在一起，稱為受精。這是人體個體發生的開始，正常情況下受精卵在子宮內著床（也稱為種植），然後就是胚胎的發育，形成三胚層後分別分化人體的諸器官。

　　胎兒出生後迅速生長發育，分為不同的時期，許多因素共同影響人體的生長發育。其中遺傳、飲食和體育運動最為重要。

　　有的男孩出生後，睪丸留在腹腔或腹股溝內，沒有進入陰囊內，這稱為隱睪。如果一直下不去，由於腹腔溫度高，成年後不容易產生精子或產生死精子，從而影

響生殖能力,還可能發生惡變,因此在兒童期必須做手術,將睪丸引入陰囊。

男性在青春期後的數十年,可持續大量的產生精子,女子出生後,卵子的數量不再增多。

排卵是女性體內定期的卵子釋放過程,它是受精的必要條件。在卵巢中每月約有20個卵子成熟,僅有1個卵子形成卵泡,卵泡釋放的卵子向子宮方向運輸。試管嬰兒是指體外人工受精,再送回母體子宮腔內發育而成的嬰兒,醫學稱為「體外受精」。世界上第一個試管嬰兒於20世紀70年代誕生在英國。中國首例試管嬰兒誕生於1988年3月10日北京醫科大學第三醫院。目前試管嬰兒技術正在不斷改進,成功率和品質將逐步提高。

受精卵在母體內約280天,預產期的計算方法十分簡單,用末次月經第一天的月份加9(或減3),得出的是預產期的月份,而日期加7,則得出預產期日期。

子宮位於骨盆正中,前有膀胱,後有直腸,由骨盆底肌(也稱會陰肌)和筋膜及筋膜形成的一系列韌帶維持子宮的正常位置,在懷孕之前應該注重腹肌和會陰肌的力量練習(詳見第三章),對於維持子宮的正常位置、經期的正常排經血,尤其是分娩十分有利。

大部分人的長高停止時間為18~25歲,女性比男性早2~3年,而且研究證明,人長高在夜間10點之後,這主要是人的生長激素在夜間睡眠中分泌,分泌量是白天的3倍,因此兒童少年保證夜間充足的睡眠十分重要。

在人體生長發育過程中,營養是一個很重要的問題,飲食要有規律,搭配要合理,營養要平衡,千萬不

要偏食，盡可能少吃速食麵、油炸、燒烤食品等。

體育鍛鍊對每個人來說，應該是終生的，對兒童少年更為重要，因為他們正處在長知識、長身體的時期，所以教育部提出：每天鍛鍊1小時，健康工作50年。

第一節　男性生殖系統

男性生殖系統的主要功能是產生生殖細胞、繁衍後代和分泌性激素。它包括內生殖器和外生殖器兩個部分。內生殖器是由產生生殖細胞和激素的生殖腺、輸送生殖細胞的輸精管道和附屬腺組成。外生殖器是裸露於體表的，包括陰囊和陰莖（圖12－1）。

一、男性內生殖器

男性內生殖器由生殖腺（睪丸）、輸精管道（附睪、輸精管和射精管）和附屬腺（精囊腺、前列腺）組成。

（一）睪　丸

睪丸在胚胎早期位於腹腔內，以後逐漸下降，出生時已降至陰囊中。睪丸是男性的生殖腺，位於陰囊內，呈扁卵圓形，左右各一。睪丸的表面包被緻密結締組織構成的被膜叫白膜。在睪丸後緣，白膜增厚並伸入睪丸實質內形成放射狀的小隔，把睪丸實質分隔成200多個睪丸小葉。

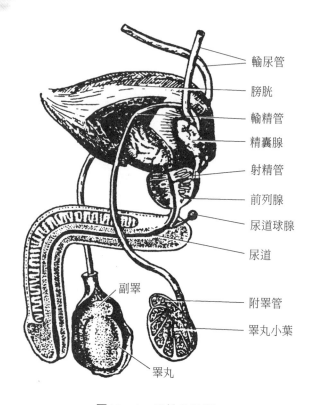

輸尿管

膀胱

輸精管

精囊腺

射精管

前列腺

尿道球腺

尿道

副睪

附睪管

睪丸小葉

睪丸

圖12－1　男性生殖器

　　每個睪丸小葉內有2～4條精曲小管，精曲小管的上皮是產生精子的場所。精曲小管之間的結締組織內有睪丸間質細胞，具有合成雄激素的作用。雄激素的主要成分是睪酮，能促進生殖器官及第二性徵的發育，並維持精子生成和性功能及第二性徵。精曲小管在睪丸小葉的尖端處匯合成精直小管再互相交織成網，最後在睪丸後緣發出十多條輸出小管進入附睪。

（二） 附 睪

附睪緊貼著睪丸的上端和後緣，可分為三個部分，其上端膨大，稱為附睪頭，借睪丸的輸出管連於睪丸上端；其中部稱為附睪體；其下部稱為附睪尾，尾部向上移行為輸精管。

（三） 輸精管

輸精管是一條管壁很厚的肌性管道，它與血管、神經和提睪肌共同組成精索。它在附睪尾部連接附睪管，終止於射精管，長約40公分，直徑約2.5毫米，左右各一條，分為睪丸部、精索部、腹股溝部和盆部四段。輸精管末端膨大形成壺腹。壺腹末端管徑變小，並與精囊腺的導管匯合成射精管。

（四） 射精管

射精管是由輸精管和精囊腺的排泄管合併而成，左右各一，它穿入前列腺底，開口於尿道的前列腺部，開口極小且狹窄。

（五） 精囊腺

精囊腺是扁橢圓形的囊狀器官，位於膀胱底之後，輸精管壺腹的外側，其排泄管與輸精管末端合成射精管。它可分泌淡黃色黏滯的弱鹼性的液體，與精子混合成精液。

（六） 前列腺

前列腺是分泌精液的主要腺體，位於膀胱下方，呈板栗狀，直徑約 4 公分，重約 20 克。尿道從其中間穿過。前列腺的間質中混有大量的平滑肌，較堅硬。腺的導管最後匯合成 20～30 條，開口於尿道前列腺部，分泌物參入精液。

二、男性外生殖器

男性外生殖器是顯示性別差異和實現兩性生殖細胞結合的器官，包括陰莖和陰囊。

（一） 陰　莖

陰莖位於陰囊之前，外面有筋膜和皮膚。它可分為陰莖頭、陰莖體和陰莖根三個部分，由兩個陰莖海綿體和一個尿道海綿體組成。陰莖頭為陰莖前端的膨大部分，尖端有尿道外口，頭後稍細的部分叫陰莖頸。陰莖根藏在皮膚的深面，固定於恥骨下支和坐骨支上。根、頸之間的部分為陰莖體。

海綿體是由結締組織和平滑肌組成，其腔隙與血管相通。當腔隙內充滿血液時，陰莖變粗變硬而勃起。陰莖皮膚薄而軟，皮下組織疏鬆，易於伸展。

（二） 陰　囊

陰囊位於恥骨聯合下方，是由皮膚構成的囊。皮膚

薄而軟，皮下組織內含有大量的平滑肌纖維，叫肉膜，肉膜在正中線上形成陰囊中隔將兩側睪丸和附睪隔開。肉膜遇冷收縮，遇熱舒張，藉以調節陰囊內的溫度，利於精子的產生和生存。

第二節　女性生殖系統

女性生殖系統的主要功能是產生生殖細胞、繁衍後代和分泌性激素。它包括內生殖器和外生殖器兩個部分。內生殖器由生殖腺和輸卵管道組成（圖12－2）。外生殖器即女陰。

乳房是製造乳汁的器官，在機能上與生殖系統有密切的關係，在此節中一併敘述。

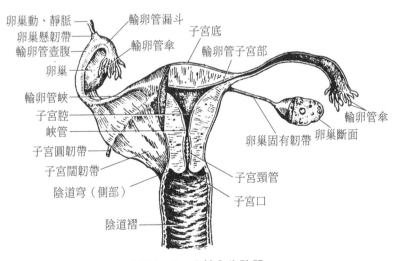

卵巢動、靜脈
卵巢懸韌帶
輸卵管壺腹
卵巢
輸卵管峽
子宮腔
峽管
子宮圓韌帶
子宮闊韌帶
陰道穹（側部）
陰道褶

輸卵管漏斗
輸卵管傘
子宮底
輸卵管子宮部
輸卵管傘
卵巢固有韌帶　卵巢斷面
子宮頸管
子宮口

圖12－2　女性內生殖器

一、女性內生殖器

女性內生殖器由生殖腺（卵巢）和輸卵管道（輸卵管、子宮、陰道）組成。

（一）卵　巢

卵巢既是生殖腺，又是內分泌腺。它能產生卵細胞和分泌一系列的女性激素。卵巢呈卵圓形，左右成對，在小骨盆上口平面，位於骨盆側壁。它的形狀、大小因年齡而異。幼年卵巢小而光滑，成年後卵巢增大並由於每次排卵後在卵巢表面留有瘢痕而顯得凹凸不平，更年期後卵巢萎縮。卵巢的一端靠近輸卵管傘，另一端由卵巢固有韌帶繫於子宮的兩側。卵巢的前面有血管、神經和淋巴管出入之處，稱為卵巢門。

卵巢是實質性的器官，可分為淺層的皮質和深層的髓質。每個卵巢的皮質內藏有胚胎時期已生成的有 30 萬～100 萬個原始卵泡。但是，女子一生僅有 400～500 個原始卵泡經初級卵泡和次級卵泡時期，最後發育為成熟卵泡，性成熟期之後，成熟的卵泡破潰後將卵細胞排出，一般在每一月經週期（28 天）排一個卵細胞。其餘原始卵泡均先後退化。

成熟的卵細胞從卵巢表面排出，排卵後的卵泡轉變為富有血管並呈黃色的內分泌腺，稱為黃體，可分泌孕激素。排出的卵進入輸卵管，在管內受精後移至子宮內膜發育生長，成熟的胎兒於分娩時經陰道娩出。若未受

精，黃體逐漸萎縮成白體，以後逐漸消失。

此外，卵巢還可分泌動情素。

（二）輸卵管

輸卵管是輸送卵細胞至子宮的一對彎曲的肌性管道，長 10～12 公分，內端為子宮角連接子宮，外端開口於腹膜腔。在開口的游離緣有許多菊花瓣狀的突起稱為輸卵管傘，覆蓋於卵巢表面。卵細胞從卵巢表面排入腹膜腔，再經輸卵管腹腔口進入輸卵管。

輸卵管黏膜上皮為單層柱狀上皮，上皮的細胞有纖毛。纖毛向著子宮方向擺動及管壁平滑肌的節律性收縮，可以促使卵細胞向著子宮的方向輸送，以利於受精。

（三）子　宮

子宮是孕育胎兒的肌性囊狀器官，位於盆腔中央膀胱和直腸之間。成年女子子宮的正常位置呈輕度前傾屈位，子宮體伏於膀胱上，可隨膀胱和直腸的虛盈而移動。子宮呈倒置梨形，前後略扁，可分為底、體、頸三部。上端向上隆凸的部分稱為子宮底，在輸卵管入口平面上方，兩側與輸卵管相通；下端變細呈圓筒狀的部分稱為子宮頸；底和頸之間的部分稱為子宮體。底、體部的內腔稱為子宮腔。

子宮頸的內腔稱為子宮頸管，呈梭形，上口為子宮內口，通子宮腔，下口為子宮外口，通陰道。

子宮壁厚，伸展性大，由黏膜、肌層和外膜三層構

成。子宮黏膜又稱為子宮內膜，是受精卵種植和胚胎發育的場所。子宮內膜的結構從青春期開始有週期性的變化。子宮底和體的內膜隨著月經週期改變而變化，呈週期性的增生和脫落，頸部黏膜較厚而堅實，沒有週期性的變化。肌層是由很厚的縱橫交錯的平滑肌組成，妊娠時肌纖維的長度和數量都增加。外膜在子宮體前後是漿膜，由腹膜臟層形成。此膜在子宮兩側形成皺襞，稱為子宮闊韌帶。其餘部分是纖維膜。

（四）陰　道

陰道是一個扁形的肌性管道，位於子宮頸的下方，尿道與直腸之間，下部開口於外陰部。

二、女性外生殖器

外生殖器即女陰，包括陰阜、大陰唇、小陰唇、陰蒂及陰道前庭等。其上界為陰阜、下界是外陰部與肛門之間的部位即會陰。

第三節　人體個體發生

一、生殖細胞和受精

生殖細胞包括精子和卵子，均為單倍體細胞，即僅有23條染色體，其中一條是性染色體。受精是精子穿入

卵子形成受精卵的過程，它始於精子細胞膜與卵子細胞膜的接觸，終於兩者細胞核的融合。受精一般發生在輸卵管壺腹部。應用避孕套、輸卵管黏堵或輸精管結紮等措施，可以阻止精子與卵子相遇，從而防止受精。

（一）精子發生

　　精曲細管的內壁是由特殊的複層上皮組織，即精上皮構成。精上皮是產生精子的組織。在精曲小管的橫切面上可以看到精子生成的各個階段。精上皮的基層，即位於精曲小管基礎膜上的一層是精原細胞和精原細胞之間的支持細胞。精原細胞是產生精子的細胞。支援細胞有支援以及為精原細胞和精子提供營養與吞噬殘餘細胞質的作用。支持細胞的另一作用是分泌抑制素，抑制激素的產生。精原細胞連續進行有絲分裂而生成多個精原細胞，其中一部分仍保留為精原細胞，另一部分長大分化而成為初級精母細胞。

　　初級精母細胞立即進入第一次減數分裂的前期，並在逐步發育的過程中向曲細精管的中心推移。初級精母細胞完成了前期Ⅰ過程，如聯會、染色體交換等，之後，分裂成2個次級精母細胞，次級精母細胞第二次減數分裂而成4個單倍體的精細胞。精細胞不再分裂，每一精細胞分化發育而成一個精子。

　　從精原細胞到精細胞雖然經過了多次分裂，但細胞質並不完全斷開，一個精原細胞產生的每一代細胞彼此都是以細胞質橋相連接的，所以各細胞可以互通資訊，使分裂分化的進度一致。

（二）卵子發生

卵原細胞形成成熟卵細胞的過程稱為卵子發生。卵子的形成發生在卵巢，並且有一個增殖期，在該期，卵原細胞由有絲分裂增加細胞數量。經過有絲分裂增殖之後，卵原細胞進行減數分裂，此時的卵原細胞被稱為卵母細胞，經減數分裂，染色體發生遺傳重組，並將染色體組的數量減半成為單倍體。

為了保證卵子發生具有足夠的生長期，減數分裂前期 I 的粗線期或雙線期被延長；生長期的延長，主要是讓發育中的卵母細胞生長到足夠的體積大小，以便能夠攜帶足夠的營養物質為胚胎發育之用。卵母細胞在發育過程中具有顯著的不對稱性。

二、人體胚胎早期發生

（一）卵裂與胚泡

受精卵由輸卵管向子宮運行中，不斷進行細胞分裂，這過程稱為卵裂。卵裂產生的細胞稱為卵裂球。隨著卵裂球數目的增加，細胞逐漸變小，到第3天時形成一個12～16個卵裂球組成的實心胚，稱為桑椹胚。桑椹胚的細胞繼續分裂，細胞間逐漸出現小的腔隙，它們最後匯合成一個大腔，桑椹胚轉變為中空的胚泡。

胚泡，又稱為囊胚，於受精的第4天形成並進入子宮腔。胚泡逐漸長大，透明帶變薄而消失，胚泡得以與子

宮內膜接觸，植入就開始了。

（二）植　入

胚泡逐漸埋入子宮內膜的過程稱為植入，又稱為著床。植入於受精後的第5～6天開始，第11～12天完成。胚泡全部植入子宮內膜後，缺口修復，植入完成。

（三）胚層的形成與分化

胚泡植入第2週，內細胞群的細胞也開始增殖分化，逐漸形成了一個圓盤狀的胚盤，此時的胚盤由內、外兩個胚層組成。外胚層為鄰近滋養層的一層柱狀細胞，內胚層是位居胚泡腔側的一層立方細胞，兩層緊貼在一起。緊接著，在外胚層的近滋養層側出現一個腔，為羊膜腔，腔壁為羊膜。羊膜與外胚層的周緣接連，故外胚層構成了羊膜腔的底。內胚層的周緣向下延伸形成另一個囊，即卵黃囊，故內胚層構成卵黃囊的頂。羊膜腔的底（外胚層）和卵黃囊的頂（內胚層）緊相貼連構成的胚盤是人體的原基。此時期的胚泡腔內出現鬆散分佈的胚外中胚層細胞。它們先充填於整個胚泡腔。繼而細胞間出現了腔隙，腔隙逐漸匯合增大，在胚外中胚層內形成一個大腔，稱為胚外體腔。

到第3週初，胚盤外層細胞增殖，在胚盤外胚層尾側正中線上形成一條增厚區，稱為原條。原條的頭端略膨大，為原結。原條的出現，胚盤即可區分出頭尾端和左右側。繼而在原條的中線出現淺溝，原結的中心出現淺凹，分別稱原溝和原凹。原條深面的細胞則逐漸遷移到

內外胚層之間，形成鬆散的間充質。原條兩側的間充質細胞繼續向側方擴展，形成胚內中胚層，它在胚盤邊緣與胚外中胚層續連。

　　從原結向頭側遷移的間充質細胞，形成一條單獨的細胞索，稱脊索，它在早期胚胎起一定支架作用。脊索向頭端生長，原條則相對縮短，最終消失。

第四節　人體出生後生長的一般規律

一、年齡分期

　　人體從受精卵、出生到成熟可以分為不同的時期，在生長發育過程中，不同階段具有不同的特點。根據人體的解剖、生理和病理等特點，可以將其生長發育過程劃分為七個不同階段和年齡期。

（一）胎兒期

從受孕到分娩共40週，稱為胎兒期。

（二）新生兒期

從出生後到28天，稱為新生兒期。

（三）嬰兒期

從出生28天到滿1周歲，又稱為乳兒期。

（四）幼兒期

從1周歲到3周歲為幼兒期。

（五）幼童期

從3周歲到7周歲為幼童期，也稱為學齡前期。

（六）兒童期

從7周歲到12周歲為兒童期，也稱為學齡期。

（七）青春期

女孩從11～12歲開始到17～18歲，男孩從13～14歲開始到18～20歲，稱為青春期，一般女孩比男孩早兩年。

二、人體生長發育的一般規律

人體從出生到成熟經過了複雜的生長發育過程。人體生長發育由於受到遺傳、環境、營養、疾病和運動訓練等各種因素的影響，而具有個體上的差異，但是從總的來看，其具有下述的一般規律。

（一）人體生長發育的總體模式相同

在整個生長時期，所有健康孩子的生長過程都是相似的，各項身體形態指標都會隨著年齡的增長而增大，但各指標在任一時間和年齡上，個體間都存在著廣泛的

差異。人體的生長發育並不是直線上升的，而是呈波浪式有快有慢的相互交替進行。如身高、體重，從胎兒到人體成熟有兩次突增階段。第一次的突增期在胎兒期，第二次的突增期在青春發育期階段。

（二）生長發育的比例是相同的

每一個健康的兒童在生長發育的過程中，頭顱增長了1倍，軀幹增長了2倍，上肢增長了3倍，下肢增長了4倍。

（三）生長發育的程式一致性

從妊娠到出生，頭顱生長最快，出生時嬰兒的頭圍達到成人頭圍的65%左右。從出生到1周歲，軀幹生長最快，為這一時期增長總長度的60%；青春期開始後，首先是上、下肢的生長，上肢增長的順序是手、前臂、上臂。下肢增長的順序是足、小腿、大腿，然後才是寬度和圍度的增加。軀幹增長晚於四肢，生長發育具有典型「向心性」原則。

（四）生長發育存在著性別的差異

人體生長發育存在著性別差異，主要有以下幾個表現：女子青春發育較男子早兩年，有趣地是其生長發育結束的時間也比男子早兩年；男子生長發育的第二次高峰波峰、波幅比女子高而寬，故男子的體格也比女子顯得高而大。

三、影響生長發育的因素

人體的生長發育從受精卵開始到出生後，一直受到人體內外兩方面因素的影響，而且兩者是相互作用的，包括遺傳因素、營養因素、自然因素、疾病和體育鍛鍊等。

（一）遺傳因素

遺傳和人體生長發育的關係是非常密切的，它是影響生長發育的主要因素。人體的新陳代謝、生理、生化等功能都會受到遺傳因素的影響。

（二）營養因素

糖類提供能量，蛋白質形成和更新組織細胞，無機鹽與血液、肌肉、骨的生成和一些生理活動的維持相關。

（三）自然因素

陽光、空氣、水分、食物等是人類賴以生存的物質基礎。這些自然因素也影響人類的生長發育。它們對人類的身高、膚色、鼻型、髮型、頭型有較大影響，與人體胸廓的發育、眼瞼、臉型、面型、瞳孔顏色、肢體比例也有關係。充分利用日光、新鮮空氣、水進行體格鍛鍊，以及合理的生活制度安排均可促進身心發育。

（四）疾病

急性、慢性傳染病對生長發育有直接影響，可導致器官的嚴重傷害。

（五）體育鍛鍊

體育鍛鍊是促進身體健康、生長發育和增強體質的主要因素。可使心肌發達和收縮力增強，使心輸出量增加。可提高肺活量，改善肌肉的血液循環，使肌纖維增粗，肌肉體積增大。

復習與思考

(1) 簡述男性生殖系統的組成。

(2) 簡述女性生殖系統的組成。

(3) 簡述睪丸和卵巢的位置與功能。

(4) 你瞭解人體個體發生的階段嗎？

(5) 結合自己的體驗，哪些因素影響自己的生長發育？

參考文獻

〔1〕胡聲宇・運動解剖學〔M〕.北京：人民體育出版社，2006.

〔2〕李世昌・運動解剖學〔M〕.北京：高等教育出版社，2006.

〔3〕劉文漢・人體解剖學〔M〕.北京：中國人民解放軍音像出版社，2004.

〔4〕王景貴，等・運動解剖學〔M〕.北京：人民體育出版社，2000.

〔5〕體育院校成人教育協作組教材編寫組・人體解剖學〔M〕.北京：人民體育出版社，2001.

〔6〕高英茂・組織學與胚胎學〔M〕.北京：人民衛生出版社，2005.

〔7〕祝繼明・組織學與胚胎學〔M〕.北京：北京大學醫學出版社，2001.

〔8〕劉斌・組織學與胚胎學〔M〕.北京：北京大學醫學出版社，2005.

〔9〕鄧樹勳・運動生理學〔M〕.北京：高等教育出版社，2005.

〔10〕黃國英・兒科學〔M〕.上海：復旦大學出版社，2006.

〔11〕運動解剖學編寫組・運動解剖學〔M〕.北京：人民體育出版社，1984.

〔12〕全國體育院校教材委員會審定・運動解剖學〔M〕.北京：人民體育出版社，1989.

〔13〕胡聲宇・運動解剖學〔M〕.北京：人民體育出版社，2000.

〔14〕鄧道善・運動解剖學〔M〕.北京：北京體育大學出版社，1993.

〔15〕鄭思競・系統解剖學〔M〕.北京：人民衛生出版社，1992.

〔16〕全國體育院校成人教育協作組函授教材編寫組・人體解剖學〔M〕.北京：人民體育出版社，2001.

國家圖書館出版品預行編目資料

運動解剖學／王明禧 主編

－初版－臺北市，大展，2012〔民101.04〕
面；21公分－（體育教材；12）
ISBN 978-957-468-867-8（平裝）
1.人體解剖學　2.運動醫學
397.3　　　　　　　　　　　101001871

運動解剖學

主　　　編／王　明　禧
責任編輯／王　新　月
發 行 人／蔡　森　明
出 版 者／大展出版社有限公司
社　　　址／台北市北投區（石牌）致遠一路2段12巷1號
電　　　話／(02) 28236031・28236033・28233123
傳　　　真／(02) 28272069
郵政劃撥／01669551
網　　　址／www.dah-jaan.com.tw
E-mail／service@dah-jaan.com.tw
登 記 證／局版臺業字第2171號
承 印 者／傳興印刷有限公司
裝　　　訂／建鑫裝訂有限公司
排 版 者／千兵企業有限公司
授 權 者／北京人民體育出版社
初版1刷／2012年（民101年）4 月

　　　　　　　　　　　　　　　　定　價／350 元

●本書若有破損、缺頁請寄回本社更換●

大展好書　好書大展
品嘗好書　冠群可期

大展好書　好書大展

品嘗好書　冠群可期